༄༅། །རྟ་དཔྱད་མཐོང་བ་ཀུན་གསལ་མེ་ལོང་ཞེས་བྱ་བ་བཞུགས་སོ། །

གསེར་ཧྲེད་ཆུས་གང་བཟང་ཤེས་རིག་དཔེ་ཚོགས་རྩོམ་སྒྲིག་ཁང་ནས་བསྒྲིགས།

བོད་ལྗོངས་བོད་ཡིག་དཔེ་རྙིང་དཔེ་སྐྲུན་ཁང་།

༄། །རྟ་དཔྱད་མཐོང་བ་ཀུན་གསལ་མེ་ལོང་ཞེས་བྱ་བ་བཞུགས་སོ། །

བསྡུ་སྒྲིག་པ། གསེར་རྟེན་ཆུས་སྲིད་གྲོས་གཞུང་ལས་ཁང་། （གསེར་རྟེན་ཆུས་གང་བཟང་ཞེས་རིག་དཔེ་ཚོགས་རྩོམ་སྒྲིག་ཁང་། ）

རྩོམ་སྒྲིག་འགན་འཁུར་བ། ཨོ་རྒྱན་ཆོས་འཕེལ།

རིབ་གཞིའི་མཛེས་འཆོས་པ། དཀོན་མཆོག་ལྷ་འཛོམས།

ཞུ་དག སྐལ་བཟང་ཆོས་སྒྲོན།

ཇུས་འགོད། བོད་ལྗོངས་ཐེན་ལི་དཔལ་འབྱོར་རིག་གནས་འཕེལ་རྒྱས་ཚད་ཡོད་ཀུང་སི།

དཔེ་སྐྲུན། བོད་ལྗོངས་བོད་ཡིག་དཔེ་རྙིང་དཔེ་སྐྲུན་ཁང་། （ལྷ་ས་གྲོང་ཁྱེར་སེ་ར་ལམ་སྒོ་ཨང་22）
བོད་ལྗོངས་བོད་ཡིག་དཔེ་རྙིང་དཔེ་སྐྲུན་ཁང་གི་རྩོམ་སྒྲིག་ཁང་གཉིས་པ།
（ལྷ་ས་གྲོང་ཁྱེར་གླིང་སྐོར་བྱང་ལམ་སྒོ་ཨང་20） སྦྲག་ཨང་850000

པར་གཞི་ཁ་སྤྱོད་ལ་རྟུང་ཏེག་གཏོང་། 0891-6930339

པར་འདེབས་ཚན་པ། བོད་ལྗོངས་ཕན་བདེ་པར་འདེབས་བཟོ་གྲྭ།

བརྒྱུད་འགྲེམས། ཞིན་ཧྭ་དཔེ་ཚོང་ཁང་།

རིབ་ཚད། 710mm×1 000mm 1/16

པར་ཤོག 11

པར་གྲངས། 3, 001–5, 300

པར་གཞི། 2018ལོའི་ཟླ་12པར་པར་གཞི་དང་པོ་བསྒྲིགས།

པར་ཐེངས། 2021ལོའི་ཟླ་2པར་པར་ཐེངས་གཉིས་པ་བཏབ།

དཔེ་རྟགས། ISBN 978-7-5700-0193-4

རིན་གོང་། སྒོར་44.00

༄༅། །ནག་ཆུ་རྫོང་གང་བཟང་ཤེས་རིག་དཔེ་ཚོགས་

རྩོམ་སྒྲིག་ཨུ་ཡོན་ལྷན་ཁང་།

སྤྱི་ཁྱབ་བློ་འདྲི། ལི་ཧྲུང་།

བློ་འདྲི་ཕུལ། ཚེ་རིང་རྣམ་མགོན། འཕྲིན་ལས་དར་རྒྱས། བཀྲ་ཤིས་རྣམ་རྒྱལ།

ཧོར་དཀར་ནོ་མོ། བསྟན་པ་ཡར་རྒྱས། ཀརྨ་ཀུན་ཁྱབ།

ཁམས་སྐྱུལ་བསོད་ནམས་དོན་གྲུབ། བསྟན་འཛིན་ཐབས་མཁས།

བསོད་ནམས་ཚོས་ཀྱི་ཉི་མ། དབང་འདུས། བློ་བཟང་ཀུན་མཁྱེན།

སྤྱི་ཁྱབ་འགན་འཁུར་བ། ཁྲིན་ཁྲོན། རྡོར་མོ།

འགན་འཁུར་གཞོན་པ། ཐུབ་བསྟན་ཚོས་གྲགས། བུ་ཆུང་། ཀྲང་ཅིན་ཧྲུའེ།

པདྨ་མཚོ་མོ། དབྱངས་སྐྱིད། ཐབས་ཆེན་དོན་གྲུབ།

ལག་བསྟར་རྩོམ་སྒྲིག་པ། བཀྲ་ཤིས་རྒྱ་མཚོ། འཇིགས་མེད་རྡོ་རྗེ།

རྩོམ་སྒྲིག་གཞོན་པ། ཚོས་དབྱིངས་རྡོ་རྗེ། བློ་བཟང་སྐལ་ལྡན།

ཀརྨ་དཔལ་འབྱོར། ངག་དབང་ཚོས་དབང་།

བསྟན་པ་འཕྲིན་ལས། ནོར་བཟང་།

སྨན་བླ་རྡོ་རྗེ། བསོད་ནམས་བསྟན་འཕེལ།

རྩོམ་སྒྲིག་ཨུ་ཡོན། 〈བོད་ཡིག་ཀ་ཕྲེང་ལྟར་བསྒྲིགས་པ་ཡིན།〉

ཀརྨ་དཔལ་འབྱོར། ཀརྨ་རབ་གསལ། ཀུན་བཟང་བདེ་སྐྱིད།

ཀྲང་ཅིན་ཧྲུའེ། བཀྲ་ཤིས་རྒྱ་མཚོ། བཀྲ་ཤིས་སྒྲོལ་མ།

ཁྲིན་ཁྲིན། ངག་དབང་ཆོས་དབང་། ངག་དབང་ཆོས་འཛིན།
བསྟན་པ་འཕྲིན་ལས། ཐབས་ཆེན་དོན་གྲུབ། ཆོས་དབྱིངས་རྡོ་རྗེ།
ཆོས་དབྱིངས་ཡེ་ཤེས། འཇིགས་མེད་རྡོ་རྗེ། རྡོར་མོ། ནོར་བཟང་།
པ་སངས་ནོར་བུ། པ་སངས་དབྱངས་ཅན། པདྨ་མཚོ་མོ།
དཔའ་དགའ། ཕུན་ཚོགས་རྡོ་རྗེ། བུ་ཆུང་། བློ་བཟང་སྐལ་ལྡན།
བློ་བཟང་རབ་འབྱོར། དབྱངས་སྐྱིད། སྨན་ལྷ་རྡོ་རྗེ། ཞང་ཀྲེ་ཧང་།
གཡང་ཆེན་དར་རྒྱས། བསོད་ནམས་བསྟན་འཕེལ། ཧྲང་ཡུའེ།
ཨུ་དག་པ། བཀྲ་ཤིས་རྒྱ་མཚོ། འཇིགས་མེད་རྡོ་རྗེ།

色尼区康桑文史丛书编辑委员会

སྔོན་འགྲོའི་གཏམ།

དེ་ཡང་ཕྱི་སྟོད་འཛིག་རྟེན་ཆགས་ཚུལ་གྱི་འཕེལ་རིམ་ཁྲོད་རྒྱ་མཚོའི་ངོས་ལས་སྨིད་ལྡེ་སྟོང་ཙམ་འཕགས་པའི་སར་སྣང་པ་བོད་ཅེས་ཆགས་ཤིང་། དེ་ལ་སྤྲ་མོ་ནས་ཕ་སྤྲེའུ་དང་མ་བྲག་སྲིན་གཉིས་ལས་མཆེད་པའི་བོད་མི་རིགས་འཚོ་ཞིང་གནས་ལ། ལོ་ངོ་སྟོང་ཕྲག་དུ་མའི་སྔོན་དུ་བོད་ལ་སོགས་པའི་མི་རིགས་འདི་དག་སྤྲེའུ་ལས་བྱུང་བར་སྨྲ་ཞིང་། དེང་སྐབས་ཚན་རིག་མཁས་པ་ཕལ་ཆེ་བས་འགྲོ་བ་མིའི་རིགས་སྤྲ་དང་སྤྲེའུ་ལས་བྱུང་བར་སྨྲ་བས། བོད་ཀྱི་སྲོལ་རྒྱུན་དང་ཚན་རིག་མཁས་པས་བཤད་པ་གཉིས་སྒོ་ཀུན་ནས་མཚུངས། དེ་ལྟ་བུའི་སྲོལ་རྒྱུན་ལྡན་པའི་བོད་ཡུལ་གྱི་བྱེ་བྲག་འབྲོག་སྡེ་ནག་ཚ་ཁའི་ལོ་རྒྱུས་དང་རིག་གནས་སོགས་ཀྱི་འཕེལ་རིམ་ལས་དེང་སྐབས་སྟོབས་འབྱོར་མངའ་ཐང་ལྡན་པའི་རྒྱལ་ཁབ་ཅིག་ལ་ཁ་གྲངས་མང་བའི་མི་རིགས་རེ་རེའི་ཡུལ་སྲོལ་དང་གོམས་གཤིས། སྐད་ཡིག་དང་རིག་གནས་བཅས་ཆ་ཚང་ཞིང་སྤུས་ལེགས་ཤིག་དགོས་པ་ནི་སྨོས་མ་དགོས་སོ། །སྟོབས་འབྱོར་མངའ་ཐང་ལྡན་པའི་མེས་རྒྱལ་གྱི་མངའ་ཁོངས་སུ་གཏོགས་པའི་མི་རིགས་ཀྱི་སྲོལ་རྒྱུན་རིག་གནས་དང་གོམས་གཤིས་དག་ལ་གཙིགས་ཆེན་དུ་འཛིན་རྒྱུ་ནི་དེང་སྐབས་སྐྱེ་བོ་ཀུན་གྱི་ཕྲག་སྟེང་དུ་བབས་པའི་འོས་འགན་ཡིན་ལ། དེ་ཡང་ང་ཚོའི་རྒྱལ་ཁབ་ཀྱི་དབུ་ཁྲིད་སྤྱི་ཁྱབ་ཧུའུ་ཅི་ཞིས་ཅིན་ཕིང་གིས"ཀྲུང་ཧྭ་ཡི་ཕུལ་བྱུང་གི་སྲོལ་རྒྱུན་རིག་གནས་ནི་ཀྲུང་ཧྭ་མི་རིགས་ཀྱི་ཁྱད་དུ་འཕགས་པའི་དགེ་མཚན་ཞིག་ཡིན་པ་དང་། ཀྲུང་ཧྭ་མི་རིགས་རླབས་

ཆེན་བསྐྱར་དར་ཡོང་བ་བྱེད་རྒྱུ་དེ་ཀྲུང་ཧྭ་ཡི་རིག་གནས་འཕེལ་རྒྱས་དང་ཕུན་ཚོགས་ཡོང་བ་བྱེད་རྒྱུའི་ཆ་རྐྱེན་དུ་འཛིན་དགོས་པ། ངེས་པར་དུ་དུས་རབས་ཀྱི་ཆ་རྐྱེན་གསར་པ་དང་འཚམ་པ་བྱས་ཏེ་ཀྲུང་ཧྭ་ཡི་ཕུལ་བྱུང་སྲོལ་རྒྱུན་རིག་གནས་རྒྱུན་འཛིན་དང་དར་སྤེལ་གཏོང་དགོས།” ཞེས་དང་། ལྷག་པར་དུ་ཧང་གི་ཚོགས་ཆེན་བཅུ་དགུ་པའི་སྐབས་ཞུའི་ནང་བསྟན་དོན། “ཀྲུང་གོ་གུང་ཁྲན་ཏང་ནི་དབུ་བརྙེས་པའི་ཉིན་ནས་བཟུང་ཀྲུང་གོའི་སྔོན་བྱོན་རིག་གནས་ཧུར་ཐག་གིས་སྐྱེ་ཁྲིད་དང་ལག་བསྟར་བྱེད་མཁན་ཡིན་ལ། ཀྲུང་ཧྭའི་ཕུལ་དུ་བྱུང་བའི་སྲོལ་རྒྱུན་རིག་གནས་ལྷག་བསམ་ནམ་དག་གིས་རྒྱུན་འཛིན་དང་དར་སྤེལ་གཏོང་མཁན་ཡང་ཡིན། དེང་རབས་ཀྱི་ཀྲུང་གོའི་གུང་ཁྲན་ཏང་མི་དང་ཀྲུང་གོའི་མི་དམངས་ཀྱིས་རིག་གནས་ཀྱི་འགན་འཁྲི་གསར་པ་ཐུག་པར་འགྱུར་འོས་ལ་འགྱུར་ཡང་ཐུབ་ངེས་ཡིན་པ་དང་། ལག་ལེན་གྱི་གསར་གཏོད་ཁྲིད་དུ་རིག་གནས་གསར་གཏོད་བྱེད་པ་དང་། ལོ་རྒྱུས་འཕེལ་རྒྱས་བྱུང་རིམ་ཁྲིད་རིག་གནས་ཡར་རྒྱས་ཡོང་བར་བྱེད་ཐུབ་ངེས་རེད།” ཅེས་དང་། “རིག་གནས་ནི་རྒྱལ་ཁབ་ཅིག་དང་མི་རིགས་ཤིག་གི་བླ་སྲོག་ཡིན། རིག་གནས་དར་ན་རྒྱལ་ཁབ་དར་རྒྱས་ཡོང་བ་དང་། རིག་གནས་སྟོབས་ལྡན་ཡིན་ན་མི་རིགས་སྟོབས་ལྡན་དུ་འགྱུར། རིག་གནས་ཀྱི་གདེང་ཚོད་ཆེན་པོ་མེད་པ་དང་། རིག་གནས་དར་རྒྱས་གོང་འཕེལ་མ་བྱུང་ན། ཀྲུང་ཧྭ་མི་རིགས་བསྐྱར་དར་རླབས་པོ་ཆེ་ཡོང་མི་སྲིད། ཀྲུང་གོའི་ཁྱད་ཆོས་ལྡན་པའི་སྤྱི་ཚོགས་རིང་ལུགས་ཀྱི་རིག་གནས་འཕེལ་རྒྱས་ཀྱི་བགྲོད་ལམ་མཐའ་འཁྱོངས་བྱེད་པ་དང་། མི་རིགས་ཡོངས་ཀྱི་རིག་གནས་གསར་གཏོད་དང་གསར་སྐྲུན་གྱི་གསོན་ཤུགས་སྐུལ་སློང་བྱས་ནས། སྤྱི་ཚོགས་རིང་ལུགས་ཀྱི་རིག་གནས་སྟོབས་ལྡན་རྒྱལ་

ཁབ་བསྐུན་དགོས།” ཞེས་དང་། “སྐྱེ་ཁམས་དཔལ་ཡོན་འཛུགས་སྐྱོང་བྱེད་པ་ནི་བྱུས་རྗེས་དེང་འདིར་བཞག་ནས། ཕན་འབྲས་བསྐལ་བརྒྱར་ཐོན་པ་ཞིག་ཡིན།” ཞེས་དང་། “ང་ཚོར་ཆུ་མོ་དྭངས་ཤིང་རི་བོ་སྔོ་བ་ཞིག་དགོས་ལ་གསེར་གྱི་རི་དང་དངུལ་གྱི་རི་ཡང་དགོས། གསེར་གྱི་རི་དང་དངུལ་གྱི་རི་ལས་ཀྱང་ཆུ་མོ་དྭངས་ཤིང་རི་བོ་སྔོ་བ་ཞིག་ཡོང་རྒྱུ་དེ་བས་གལ་ཆེ། དེས་མ་ཚད་ཆུ་མོ་དྭངས་ཤིང་རི་བོ་སྔོ་བ་ནི་གསེར་གྱི་རི་དང་དངུལ་གྱི་རི་ལས་ལྷག” ཅེས་དང་། “ཁོར་ཡུག་ལེགས་པོ་ནི་དམངས་འཚོ་དང་རི་སྔོན་པོ་ནི་མཛེས་སྡུག གནམ་སྔོན་པོ་ནི་བདེ་སྐྱིད་བཅས་ཡིན་པས་རང་གི་མིག་ཟུང་ལ་གཅེས་སྲུས་བྱེད་པ་ལྟར་འཁོར་ཁམས་ཁོར་ཡུག་ལ་སྲུང་སྐྱོབ་བྱེད་དགོས་པ་དང་། ཚེ་སྲོག་ལ་གཅེས་འཛིན་བྱེད་པ་ལྟར་འབྱུང་ཁམས་ཁོར་ཡུག་ལ་གཅེས་འཛིན་བྱས་ཏེ་འབྱུང་ཁམས་ཁོར་ཡུག་ལ་གནོད་སྐྱོན་མི་ཐེབ་པ་བྱེད་རྒྱུ་དེ་གོང་འཕེལ་གྱི་མཐའ་ཚད་ཅིག་ལ་བརྩི་དགོས།” ཞེས་དང་། ཡང་ “འབྱུང་ཁམས་ཁོར་ཡུག་སྲུང་སྐྱོབ་བྱ་རྒྱུའི་གནད་དོན་ཐད་བཀག་རྒྱ་ལས་གོམ་པ་གང་ཡང་བརྒལ་མི་རུང་། གལ་སྲིད་བརྒལ་ཚེ་ངེས་པར་དུ་ཆད་པ་གཅོད་དགོས།” ཞེས་སོགས་མཇུབ་སྟོན་རབ་དང་རིམ་པ་གནང་བའི་བཀའ་དགོངས་ལྟར། ང་ཚོས་གྲངས་ཉུང་མི་རིགས་ཀྱི་ཆོས་ལུགས་དང་རིག་གནས། གྲངས་ཉུང་མི་རིགས་ཀྱི་འབྱུང་ཁམས་ཁོར་ཡུག་དང་ལོ་རྒྱུས། གྲངས་ཉུང་མི་རིགས་ཀྱི་སྐད་དང་ཡི་གེ། གྲངས་ཉུང་མི་རིགས་ཀྱི་ཡུལ་སྲོལ་དང་གོམས་གཤིས། གྲངས་ཉུང་མི་རིགས་ཀྱི་ལག་རྩལ་དང་ཐོན་སྐྱེད་བཅས་ནི་ཀྲུང་ཧྭ་མི་རིགས་ཀྱི་ཆ་ཤས་ཤིག་ཡིན་པས་དེ་དག་ཉམས་པ་སོར་ཆུད་དང་མ་ཉམས་གོང་འཕེལ་གཏོང་དགོས་ལ། ལྷག་པར་དུ་དེང་སྐབས་ཀྱི་ཚན་རིག་དང་མཐུན་པའི་སྒོ

ནས་སྲོལ་རྒྱུན་གྱི་རིག་གནས་རྒྱུན་འཛིན་དང་འཕེལ་རྒྱས་གསར་གཏོད་བཅས་བྱེད་རྒྱུ་དེ་གྲུང་ཧྲ་མི་རིགས་ཀྱི་རིག་གནས་ཀྱི་ཁྱད་ཆོས་ཤིག་ཡིན་གཤིས། གང་བཟང་ཞེས་རིག་དཔེ་ཚོགས་ནས་མི་ལོ་སྟོང་ཕྲག་དུ་མའི་སྔོན་གྱི་ལོ་རྒྱུས་ཡུན་རིང་ལྡན་པའི་གངས་ཅན་བོད་ཀྱི་བརྗོད་ཆགས་ལྡན་པའི་རི་བོའི་བྱེ་བྲག་བསམ་གཏན་གང་བཟང་གི་རི་རྒྱུད་དུ་གནས་པའི་གསེར་རྙེད་ཆུས་ནི་རྒྱ་མཚོའི་ངོས་ལས་མཐོ་ཚད་རྨིད་4510དང་། ས་ཡི་གོ་ལའི་བྱང་ཐིག་31° 28' 16" དང་ཤར་ཐིག་92° 3' 7" ལ་ཆགས་པའི་གསེར་རྙེད་ཆུས་ཀྱི་ཡུལ་སྲོལ་གོམས་གཤིས་དང་སྐད་ཡིག་རིག་གནས་སོགས་ལག་ལེན་བྱ་ཚུལ་གྱི་དཔེ་དེབ་བསྒྲུན་ཐུབ་པ་འདི་ནི། གྲུང་ཧྲ་མི་རིགས་ཀྱི་མི་དམངས་ལ་ཞབས་འདེགས་ཤིག་དང་། སྔ་ན་མེད་པའི་ང་ཚོའི་སེམས་རྒྱལ་གྱི་གཟི་བརྗིད་ཅིག་ཏུ་མངོན། དེར་བརྟེན་ངེད་གསེར་རྙེད་ཆུས་ཏང་ཨུད་དང་སྲིད་གཞུང་གི་ཐུགས་ཁུར་འོག ཆུས་སྲིད་གྲོས་ཀྱི་དབུ་ཁྲིད་རྗེར་མོ་དང་གྲུའུ་ཞི་ཁྲིན་ཁྲོན་སོགས་ཀྱིས་གཙོ་འགན་བཞེས་ཤིང་། རྒྱལ་ཁབ་དང་མི་རིགས་ཁག་གི་ཐུན་མིན་གྱི་ཁྱད་ཆོས་འབུར་ཐོན་ཡོང་བར་དམིགས་ཏེ། གསེར་རྙེད་ཆུས 《དགོན་སྡེ་ཁག་གི་ལོ་རྒྱུས་འོད་ལྡན་ནོར་བུའི་ཐང་མ།》 དང་། བྱང་འབྲོག་ཁུལ་གྱི་སྐྱུང་གཏམ་དང་ཡུལ་སྲོལ་གོམས་གཤིས 《འབྲོག་པའི་སྲོལ་རྒྱུན་འཚོ་བའི་སྒྲོང་བྱང་།》 གསེར་རྙེད་ཆུས་སྲོལ་རྒྱུན་བཟོ་ལས་ལག་རྩལ 《མགར་གྱི་བསྟན་བཅོས།》 བཅས་དཔེ་སྐྲུན་བྱས་ཟིན་པ་དང་། ད་ཐེངས 《རང་བྱུང་རི་ཆུའི་བཀོད་པ་ནྡངས་གཙང་ལྷ་ཡི་ཞིང་ཁམས།》 དེབ་གསུམ། 《རང་བྱུང་ཆུ་ཚན་གསལ་བཤད་བདུད་རྩི་སྨན་གྱི་ཁྲུས་ཆབ།》 དེབ་གཅིག 《ཏ་དཔྱད་མཐོང་བ་ཀུན་གསལ་མེ་ལོང་ཞེས་བྱ་བ་བཞུགས་སོ། །》 དེབ་གཅིག 《བྱང་

འབྲོག་ཁུལ་དུ་རྒྱུན་སྤྱོད་ཀྱི་གཏམ་དཔེ་ལེན་དཔེ་འཛོག་ཐོར་བུ་ཕྱོགས་སྒྲིག》དེབ་གཅིག་བཅས་ཀྱི་དེབ་ཕྲེང་འདི་དག་རྒྱ་ཆེའི་གཟིགས་པ་པོ་རྣམས་ཀྱི་སྤྱན་ལམ་དུ་བསྟར་བཞིན་མཆིས།

གསེར་རྟེད་ཚུས་གང་བཟང་ཞེས་རིག་དཔེ་ཚོགས་ཀྱི་གསེར་རྟེད་ཚུས་སྲིད་གྲོས་ཀྱི་ཀྲུའུ་ཞི་ཁྲིན་ཁྲོན་དང་རྫོར་མོས་གཙོས་པའི་ལས་མི་ཐབས་ཆེན་དོན་གྲུབ་དང་ཀརྨ་དཔལ་འབྱོར། དེ་བཞིན་ལག་བསྟར་རྩོམ་སྒྲིག་པ་འབྲོང་སྨན་བཀྲ་ཤིས་རྒྱ་མཚོ། ཞུ་འཛིགས་མེད་རྡོ་རྗེ་བཅས་དེ་མིན་དཀའ་བ་ཁྱད་བསད་དང་ངལ་བ་དང་བླངས་ཀྱི་སྒོ་ནས་གསེར་རྟེད་ཚུས་གང་བཟང་ཞེས་རིག་དཔེ་ཚོགས་ཀྱི་རྩོམ་སྒྲིག་ལས་ཀར་ཞུགས་མཁན་ཡོངས་ལ་ཐུགས་རྗེ་ཆེ་ཞེས་ཞུ་བ་ལགས་སོ།།

གསེར་རྟེད་ཚུས་ཀྱི་ཚུས་ཀྲང་

ཐོག་མའི་མཚམས་སྦྱོར།

དེ་ཡང་སྐབས་འདིར་ཏང་དང་རྒྱལ་ཁབ་ཀྱིས་མི་རིགས་ཁག་གི་སྲོལ་རྒྱུན་རིག་གནས་ལ་ཤུགས་ཆེའི་རྒྱུན་འཛིན་དང་འཕེལ་རྒྱས། གསར་གཏོད་བཅས་བྱ་དགོས་པའི་སྐོར་གྱི་གོ་སྐབས་བཟང་པོའི་འོག གསེར་རྟེད་ཚུས་སྲིད་གཞུང་གིས་གཙོ་གཉེར་དང་། སྲིད་གྲོས་ཀྱིས་གཙོ་འགན་འཁུར་བའི་རྨང་གཞིའི་ཐོག་གང་བཟང་ཤེས་རིག་དཔེ་ཚོགས་ནས་གསེར་རྟེད་ཚུས་རི་ཚུའི་རིག་གནས་དང་བྱུང་འབྲོག་པའི་དམངས་ཁྲོད་ཀྱི་གཏམ་དཔེ་ལེན་དཔེ་འཛོག་སོགས་བསྡུ་སྒྲིག་དང་དཔེ་སྐྲུན་བྱེད་བཞིན་ཡོད། སྤྱིར་རིག་གནས་ལོ་རྒྱུས་ཟེར་བའི་དཔེ་དེབ་བསྡུ་སྒྲིག་བྱེད་པའི་བྱ་བ་འདི་ལ་དཀའ་ཁག་མང་པོ་ཞིག་ཡོང་བ་ནི་སྨོས་མ་དགོས་ལ། ལྷག་པར་དུ་བྱུང་འབྲོག་དམངས་ཁྲོད་དུ་ལོ་རྒྱུས་རིག་གནས་སྐོར་གྱི་དཔྱད་གཞིའི་ཡིག་ཆ་ཉུང་བས་ང་ཚོས་ལོ་རྒྱུས་རིག་གནས་འདི་དག་ཀྱང་མ་འོངས་པར་ལོ་རྒྱུས་རིག་གནས་ཀྱི་དཔྱད་གཞི་ཙམ་དུ་ཡོང་བར་དམིགས་ནས་དཀའ་བ་ཁྱད་བསད་ཀྱིས་དཔེ་ཚོགས་འདི་དག་བྲིས་པའོ། །ལས་དོན་དེ་སྒྲུབ་པའི་བརྒྱུད་རིམ་ནང་དགོན་སྡེ་དང་ལྷ་ཁང་། རི་ཁྲོད་བཅས་ཀྱི་བླ་མ་དང་མཁན་པོ་དེ་བཞིན་བཅའ་སྡོད་ལས་བྱེད་སོགས་རང་རང་གི་འགན་འཁུར་མི་སྣ་གང་མང་ཞིག་གིས་ཚད་མཐོའི་མཐོང་ཆེན་གནང་བ་མ་ཟད། ཡིག་ཆ་ཁག་འཚོལ་བསྡུ་དང་ཕྱོགས་སྒྲིག་བྱེད་པ་སོགས་ལ་རོགས་སྐྱོར་གང་ཐུབ་གནང་གི་ཡོད་པས། ང་ཚོའི་ད་ལྟའི་ལོ་རྒྱུས་རིག་གནས་ཀྱི་དཔེ་དེབ་འདི་དག་གིས་སྔར་ཡོད་ལོ་རྒྱུས་རིག་གནས་ལ་ཁ་སྐོང་ཡོང་བ་དང་། ལོ་རྒྱུས་རིག་གནས་ཀྱི་རྨང་གཞི་བརྟན་པོ་མེད་པ་རྣམས་ཡོད་པའི་གཞི་རྐང་བཟང་པོ་ཞིག་ཚུགས་

ཡོད་པར་འདོད། གང་ལྟར་ང་ཚོས་ལོ་རྒྱུས་རིག་གནས་ཀྱི་དཔེ་དེབ་བཟོ་རྒྱུའི་དམིགས་ཡུལ་ནི་མི་རིགས་མང་པོ་ལས་གྲུབ་པའི་རྒྱལ་ཁབ་འདི་ཉིད་ཀྱི་རིག་གནས་སྟོབས་ལྡན་ཅན་དུ་འགྱུར་རྒྱུར་ཞབས་འདེགས་དང་། རྒྱལ་ཁབ་དེར་གཏོགས་པའི་རང་མི་རིགས་ཀྱི་རིག་གནས་དང་ལོ་རྒྱུས་རྣམས་ཉམས་པ་སོར་ཆུད་དང་མ་ཉམས་གོང་འཕེལ་ཡོང་བའི་སླད་དུ་ཡིན། ལོ་གོང་མར་《དགོན་སྡེ་ཁག་གི་ལོ་རྒྱུས་འོད་ལྡན་ནོར་བུའི་ཐང་མ།》སྟོད་སྨད་བར་གསུམ་དང་། 《མགར་གྱི་བསྟན་བཅོས།》 《འབྲོག་པའི་སྲོལ་རྒྱུན་འཚོ་བའི་སྒྲུང་བྱང་།》བཅས་དཔེ་དེབ་ལྔ་དཔེ་སྐྲུན་བྱས་ཟིན་པ་དང་། ད་ཐེངས་རི་ཆུའི་རིག་གནས་ཀྱིས་གཙོས་པའི་《རང་བྱུང་རི་ཆུའི་བཀོད་པ་དྭངས་གཙང་ལྷ་ཡི་ཞིང་ཁམས།》ཞེས་པའི་དཔེ་དེབ་སྟོད་སྨད་བར་གསུམ་དང་། 《རང་བྱུང་ཆུ་ཚན་གསལ་བཤད་བདུད་རྩི་སྨན་གྱི་ཁྲུས་ཆབ།》ཅེས་པའི་དཔེ་དེབ་གཅིག དེ་བཞིན《རྟ་དཔྱད་མཐོང་བ་ཀུན་གསལ་མེ་ལོང་ཞེས་བྱ་བ་བཞུགས་སོ། །》དང་《བྱང་འབྲོག་ཁུལ་དུ་རྒྱུན་སྲོལ་གྱི་གཏམ་དཔེ་ལེན་དཔེ་འཛོམ་ཐོར་བུ་ཕྱོགས་སྒྲིག》ཅེས་པའི་དཔེ་དེབ་ཁག་རེ་རེ་བཞིན་དཔེ་སྐྲུན་བྱེད་བཞིན་ཡོད་པས། ངེད་གསེར་རྙེད་ཆུས་གང་བཟང་ཤེས་རིག་དཔེ་ཚོགས་ནས་མི་ཏོག་ཆུང་ཡང་ལྷ་རྫས་ཟེར་བའི་དཔེ་ལྟར་ད་ལོར་དེབ་ཕྲེང་བཞི་དཔེ་སྐྲུན་བྱས་ཐོག་ལོ་རྗེས་མར་མུ་མཐུད་ཚོ་པའི་ལོ་རྒྱུས་དང་དམངས་སྲོལ་རིག་གནས་སོགས་ཀྱི་དེབ་ཕྲེང་གང་མང་ཞིག་འདོན་རྒྱུའི་འཆར་གཞི་ཡོད།

མཇུག་ཏུ་གང་བཟང་ཤེས་རིག་དཔེ་ཚོགས་ཀྱི་ལས་ཀར་རྒྱབ་སྐྱོར་དང་ཐུགས་ཁུར་གནང་མཁན་གྱི་ཚོགས་པ་དང་མི་སྒེར་ཡོངས་ལ་སྙིང་ཐག་པ་ནས་ཐུགས་རྗེ་ཆེ་ཞུ་རྒྱུ་ཡིན།

ཁྲི་ཚང་རྗོར་མོ་ནས།

༢༠༡༧ལོའི་ཟླ་༥ཚེས་༢༧ཉིན།

དཀར་ཆག

འབྱུང་ཁུངས་གསལ་བའི་ལོ་རྒྱུས། 1

རྟ་ཡི་འབྱུང་ཁུངས། 1

བརྟག་ཐབས་བསྟན་པ། 3

དཔྱད་དོན་ཐོར་བུ་བསྟན་པ། 15

འགག་འཕྲང་གསལ་བ། 20

སྤྱི་རིགས་བརྟག་ཐབས། 23

སོ་རིས་བརྟག་ཐབས། 24

འདུལ་སྦྱོང་སྐྱོང་ཐབས། 28

བརྟག་དང་བཅོས་ཐབས་རིམ་གྱི། 35

རིག་པ་རྩ་ལ་བརྟག་ཐབས། 35

མཐོང་བ་ཆུ་དང་ལྕེ་ལ་བརྟག་ཐབས། 36

མིག་ལ་བརྟག་ཐབས། 38

སྤྲུ་གྲ་བརྟག་ཐབས། 39

སྤྱི་འཇོམས་རྒྱལ་པོ་སྡེ་བཞི་བསྟན་པ། 40

བྱེ་བྲག་གམ་བཅོས་བསྟན་པ། 44

འཁྲུགས་རིགས་བཅོས་ཐབས། 53

རྟ་ཆམ་བཅོས་ཐབས། 60

འགྲམས་རིགས་བཅོས་ཐབས། 61

ལྷད་ནད་བཅོས་ཐབས། 65

ཛོ་རིགས་བཅོས་ཐབས། 71
ལ་བ་བཅོས་ཐབས། 73
སྦྲད་འཐོམ་ནད་བཅོས་ཐབས། 84
འབུད་འཐེང་ཆག་གྲུམ་འབྲས་ནད་བཅོས་ཐབས། 85
གག་རིགས་བཅོས་ཐབས། 92
དུག་རིགས་བཅོས་ཐབས། 95
སྦྲོས་དང་སྦྲིན་རིགས་བཅོས་ཐབས། 105
ཕྱི་ནང་གི་གནས་དང་སྦྱར་ཏེ་བཅོས་ཚུལ། 109
རྟ་ནད་ཐོར་བུ་བཅོས་ཐབས། 129
བྱ་གཅོད་གྲམ་བཅོས་བསྟན་པ། 139
གཏར་དཔྱད་བསྟན་པ། 144
མེ་དཔྱད་བསྟན་པ། 151
གསོ་སྲུང་བཅུད་ལེན་བསྟན་པ། 154
མཇུག་བསྡུའི་སྨོན་ཚིག 157

རྟ་དཔྱད་མཐོང་བ་ཤེས་བྱ་ཀུན།།
མ་འདྲེས་གསལ་བའི་མེ་ལོང་འདིར།།
འབྱུང་ཁུངས་གསལ་བའི་ལོ་རྒྱུས་དང་།།
བརྟག་དང་བཅོས་ཐབས་རིམ་གྱི་བཅས།།
སྐབས་དོན་ཆུ་བོའི་གྲངས་ལྡན་ལ།།
ལེའུ་ལིང་རྩེའི་རྒྱུས་བཤད་བྱ།།

འབྱུང་ཁུངས་གསལ་བའི་ལོ་རྒྱུས།

༡ རྟ་ཡི་འབྱུང་ཁུངས།

སྐབས་དོན་དང་པོ་འདི་བཞིན་ཏེ།།
བཙན་པོ་ཐོ་རི་གཉའ་བཙན་དུས།།
དམ་པ་ཆོས་ཀྱི་དབུ་བརྙེས་ཤིང་།།
རྟ་ནོར་ལོངས་སྤྱོད་མངའ་ཐང་དར།།
ཆོས་རྒྱལ་སྲོང་བཙན་སྒམ་པོ་ཉིད།།
དུས་གསུམ་མ་འདྲེས་སོ་སོར་མཁྱེན།།
སྤྲུལ་པས་ཁམས་གསུམ་དབང་དུ་བསྡུས།།
རྒྱ་བལ་བོད་ཁམས་ཆབ་འོག་བཅུག།
རྟ་ནོར་མགོ་དགུ་སྨོས་ཅི་དགོས།།
ཉིད་ཀྱི་དཔོན་ཚ་ཆོས་ཀྱི་རྒྱལ།།

ཚངས་པ་ལྷ་ཡི་མེ་ཏོག་གིས།།
རྒྱ་ཆོས་པཎ་ཆེན་མང་སྤྱན་དྲངས།།
བོད་ཕྲུག་ལོ་པཎ་བརྒྱ་རྩ་བསླབས།།
ཆོས་སྐད་རིག་གནས་ཐམས་ཅད་བསྒྱུར།།
ཕྱོགས་རིགས་མཁས་པ་མི་དགུ་བསྡུས།།
བོད་སྐད་མཁས་དགུ་བླ་སྐད་བསྒོ།།
ནོར་དུ་མི་བསགས་དགུ་བསགས་ཀྱང་།།
ཆིབས་སུ་ཊུང་བའི་རྟ་མ་རྙེད།།
རྟ་ཁྲུ་བརྒྱ་དང་སྟོང་བསགས་ཀྱང་།།
ཆིབས་སུ་ཊུང་པ་ཊ་མ་ཤེས།།
དེ་ཚེ་བློན་པོ་འགོས་ཆུང་ཞེས།།
བརྒྱད་ཅུ་ལོན་པའི་ཞལ་ན་རེ།།
ཕྱོགས་བཞིའི་རྟ་མཁན་སྤྱན་དྲངས་གསུངས།།
དེ་བཞིན་ཕྱོགས་རེར་ཡུལ་ལྟ་ནས།།
རྟ་མཁན་མཁས་པ་མི་དགུ་བསྡུས།།
གྲུ་གུའི་ཡུལ་ནས་སེང་མདོ་དང་།།
སེང་འོང་རྣམ་གཉིས་ཅིག་རོ་ནས།།
མང་བཙན་མང་པོ་ཤེས་དང་བཞི།།
ཧོར་ནས་མ་སངས་སྲས་ཡག་དང་།།
རྨུ་ཏེ་ལོང་བ་གཉིས་དང་དྲུག།
འབྲོ་ནས་སྐྱེས་བུ་ཁེ་རྗེ་དང་།།
བུ་མོ་གམ་ཟ་གཉིས་ཏེ་བརྒྱད།།

གཡུ་གཞིར་གཡུ་རྗེ་གྲི་འོད་བཅས། །
དགུ་པོ་འདོད་ལུགས་སོ་སོར་བྱུང་། །

ཞེས་རྟ་དཔྱད་མཐོང་བ་ཀུན་གསལ་མེ་ལོང་ལས། འབྱུང་ཁུངས་ལོ་རྒྱུས་བསྟན་པའི་ལེའུ་སྟེ་དང་པོའོ། །

༢ བརྟག་ཐབས་བསྟན་པ།

སྐབས་དོན་གཉིས་པ་བརྟག་ཐབས་ལ། །
རྟ་རིགས་འདྲ་མིན་སྤྱི་རིགས་མདོག །
གཙུག་རིས་ཞུར་གདོང་རྨིག་པ་སྐད། །
བཟའ་བཏུང་སྤྲངས་རྗེས་སོ་རིས་རྣམས། །
བཟང་ངན་གཉིས་སུ་ཕྱེ་སྟེ་བཤད། །
མཁས་པའི་བཞེད་ཚུལ་མང་ན་ཡང་། །
ལག་ལེན་ཉམས་སུ་བྱ་བ་ནི། །
མཁས་པ་གྲུ་གུ་སེང་འོང་དང་། །
སེང་མདོ་རྣམ་གཉིས་ཞལ་ན་རེ། །
ཅང་ཤེས་རྟ་ལ་ཤ་ཚུགས་ནི། །
བསམ་མི་ཁྱབ་ཀྱང་བསྡུས་ན་གསུམ། །
དཀྱི་བོ་དྲང་པོ་སྐྱུར་པོ་གསུམ། །
དཀྱི་བོ་སྦྲོ་རིང་སྐལ་ཐུང་བ། །
སྒ་ཆེན་ཤན་གྱིས་བརྒྱན་པ་འདྲ། །
སྐྱུར་པོ་ཧང་རིང་སྦྲོ་ཐུང་བ། །
ལྕགས་ཀྱི་ཟྲིར་བ་བཀུག་པ་འདྲ། །

རྔང་པོ་རིང་ཡང་རྐང་པ་ཐུང་།།
ལྕགས་ཀྱི་རྡོ་རྗེ་རྩེ་ལྔ་འདྲ།།
དེ་ལའང་གཉིས་གཉིས་དྲུག་ཏུ་འདོད།།
དགེ་བོ་འཛགས་རྟ་ཙུ་རྟུ་གཉིས།།
སྨུར་པོ་གྲུམ་ཤིང་མུ་ཆེན་གཉིས།།
རྔང་པོ་འདོ་བ་གྲི་ལིང་གཉིས།།
དེ་ཡང་གཉིས་གཉིས་བཅུ་གཉིས་རེ།།
འཛགས་རྟ་ལ་ནི་དཀར་ནག་གཉིས།།
ཙུ་རྟུ་ལ་ནི་ཉིན་སྲིབ་གཉིས།།
གྲུམ་ཤིང་ལ་ནི་རིང་ཐུང་གཉིས།།
མུ་ཆེན་ལ་ནི་དགེ་སྨུར་གཉིས།།
འདོ་བ་ལ་ནི་ཆེ་ཆུང་གཉིས།།
གྲི་ལིང་ལ་ནི་རྣམ་པ་གཉིས།།
དེ་ཡང་འབྱུང་བ་ལྔ་ལ་འདུས།།
འདོ་བ་རླུང་གི་ཁམས་ཡིན་ཏེ།།
མགོ་བོ་གྲུ་བཞི་ཁོག་པ་སྦོམ།།
སྒྲུ་རིང་ཤ་ཙུས་གཉིས་ཀ་ཆེ།།
ཡན་ལག་སྦོམ་ལ་རྨིག་པ་ཆེ།།
འཛགས་རྟའི་རིགས་ནི་མེ་ཁམས་ཏེ།།
མགོ་འཕང་མཐོ་ཞིང་བྱ་ཡི་གདོང་།།
རྨིག་པ་སྲབ་ཅིང་མྱུར་བ་འོ།།
མུ་ཆེན་རིགས་ནི་ས་ཡི་ཁམས།།

མགོ་ཆེ་ཐོད་པ་སྒྲུར་བ་འདྲ། །
སྤུ་ཟེང་ཟེ་བ་མཐུག་པ་ལ། །
འདོམས་ཤ་ཤིན་ཏུ་ཆེ་བ་པོ། །
ཀྱི་ལིང་རིགས་ནི་ཆུ་ཡི་ཁམས། །
མགོ་ནི་སླ་མགོ་འདྲ་བ་ལ། །
ཁོག་དྲང་ཡན་ལག་ཤན་པ་འདྲ། །
སྤུ་སྤྲབ་རྫིག་པ་ཆེ་བ་པོ། །
ཏ་ཧུ་ནམ་མཁའི་ཁམས་ཡིན་ཏེ། །
བཟའ་ཉུང་སྤུ་ཐུང་ཁོག་པ་སྐྱིད། །
མིག་འབྲས་ཆུང་ལ་ཟེ་རྩེ་རྫོ། །
དེ་རྣམས་མགྱོགས་པའི་རྟ་ལྤུ་བོ། །
རྟ་རིགས་རྣམ་པ་ལྤུ་པོ་དེ། །
མ་འདྲེས་ནོར་ལ་མི་སྲིད་དོ། །
མ་འདྲེས་ངོས་བཟུང་མཚན་ཉིད་ནི། །
མ་ནོར་མཚན་མའི་མན་ངག་བརྟག །
ཆེ་ཆུང་གཟུགས་ལ་ངེས་པ་མེད། །
སྐལ་པ་ཟོར་ལིང་འདྲ་བ་ལ། །
དཔྲལ་ཞེང་ཆུང་ལ་བརྣ་སྣང་མཐོ། །
ལག་ངར་སྒྲུར་ལ་སྐེ་ཕྲ་རིང་། །
མིག་འབྲས་ནག་ལ་ཆུང་བ་ནི། །
ཀྱི་ལིང་མི་འགྱུར་བ་ཡི་རྟགས། །
མགོ་བོ་རིང་ལ་ཐུར་ཁྲིམ་སྒྲུར། །

རྟ་བ་རིང་ལ་རྣ་རྩ་སྲོམ། །
ཀླད་མེད་ཁྲུང་མགོ་བརྩུགས་པ་འདྲ། །
བཞོན་ནས་འགྲོ་ན་གནམ་དུ་ལྡ། །
མགོ་སྙོད་མི་ཡི་པང་དུ་འཛོག །
ཟ་ཟོག་བཟང་ལ་གྲུ་མགོ་མཐོ། །
སུག་བཞི་དང་ནི་མཛིང་པ་རིང་། །
དཔེར་ན་སྤྲུང་རོ་རིད་པ་འདྲ། །
འཛགས་རྟ་མི་འགྱུར་བ་ཡི་རྟགས། །
དཔྲལ་ཞེང་ཆེ་ལ་མིག་ཉུས་བཟང་། །
ཟ་ཟོག་དང་ནི་རྣ་བ་རིང་། །
སྒུ་ག་ཐམས་ཅད་ཤིན་ཏུ་ཡངས། །
འགྲོས་འགྲིམ་མི་དང་བསྟུན་པར་མཁས། །
འདོད་བ་མི་འགྱུར་བ་ཡི་རྟགས། །
མགོ་བོ་ཐུང་ལ་འགྲམ་ཞེང་ཆེ། །
གྲུ་མོ་དྲང་ལ་ཟ་ཟོག་ཐུང་། །
ཐུར་ཁྲིམ་ཉག་ལ་གསུས་པ་ཆེ། །
སུ་ཆེན་མི་འགྱུར་བ་ཡི་རྟགས། །
གཟུགས་པོ་གྲུ་བཞི་ཤ་རྐེད་ཆེ། །
དཔུང་པ་ལྕུག་ཐུག་བཀྱིག་པ་འདྲ། །
བྲང་ཤ་ན་ཆུང་ནུ་མ་འདྲ། །
རྟ་རོགས་རྣམས་ལ་སོ་འཚོན་རྒྱུག །
ཉུ་ཧྲུ་མི་འགྱུར་བ་ཡི་རྟགས། །

དེ་དག་ཧ་ཁམས་འགྱུར་མེད་རྟགས།།
མདོར་བསྡུས་གཏན་ལ་ཕབ་པ་འོ།།
ཡུལ་དང་དུས་ཀྱི་གནས་སྐབས་ཀྱིས།།
འདྲིས་མ་མི་འབྱུང་མི་སྲིད་པས།།
འདྲ་མིན་དགུ་མཐུད་ཀུན་ཚང་བཤད།།
རྣ་བ་རྐོད་ཐེལ་འདྲ་སྐེ་མིན།།
ཁོག་པ་གྲི་ལིང་འདྲ་སྐེ་མིན།།
རྫོག་མ་འདོ་བ་འདྲ་སྐེ་མིན།།
མགོ་བོ་འཇགས་ཧ་འདྲ་སྐེ་མིན།།
ཤ་རྐོད་ཙ་ཧུ་འདྲ་སྐེ་མིན།།
སྒུག་པ་སྨུ་ཆེན་འདྲ་སྐེ་མིན།།
ཕྲང་ནི་སྒྲོ་བ་འདྲ་སྐེ་མིན།།
སྒྲོ་ནི་སླ་བ་འདྲ་སྐེ་མིན།།
ཉ་བཞི་དགོ་བ་འདྲ་སྐེ་མིན།།
འདྲ་མིན་དགུ་མཐུད་བཟང་པོའི་དཔྱད།།
ཡང་ནི་དོན་སྡོད་རྣམ་པ་ལྔའི།།
རྟགས་པ་ཕྱི་རུ་འཆར་ཚུལ་བཤད།།
སྙིང་གི་མེ་ཏོག་ལྩེ་ལ་འཆར།།
ལྩེ་ཚུང་སྲབ་ལ་མཉེན་པ་དགོས།།
གློ་བའི་མེ་ཏོག་སྣ་ལ་འཆར།།
སྣ་ཁུག་ཆེ་ལ་ཡངས་པ་དགོས།།
མཆིན་པའི་མེ་ཏོག་མིག་ལ་འཆར།།

མིག་རྩ་གཙང་ལ་གྲུང་བ་དགོས།།
མཆེར་བའི་མེ་ཏོག་མཚུ་ལ་འཆར།།
མཚུ་སློམས་བདེ་ལ་མཐུག་པ་དགོས།།
མཁལ་མའི་མེ་ཏོག་རྣ་ལ་འཆར།།
རྣ་བ་སངས་ཤིང་ཆེ་བ་དགོས།།
ཡང་ནི་འབྱུང་བ་དྲུག་ལྡན་ལས།།
བཞེད་པ་དྲུག་ལྡན་བཤད་པར་བྱ།།
མགོ་བོ་འབྱུང་བ་ལྕགས་ལས་གྲུབ།།
སྐམ་ལ་རགས་ཤིང་དྭངས་བ་དགོས།།
མཇིང་པ་འབྱུང་བ་ཤིང་ལས་གྲུབ།།
རྩིལ་ཞིང་མཉེན་པ་དགོས་པར་བཞེད།།
རོ་སྟོད་འབྱུང་བ་མེ་ལས་གྲུབ།།
སྦོམ་ལ་རགས་ཤིང་འཕྲིལ་བ་དགོས།།
རོ་སྨད་འབྱུང་བ་ཆུ་ལས་གྲུབ།།
དལ་བྲིལ་སློམས་པ་ཞིག་ཏུ་བཞེད།།
ཤ་ཁྲོད་འབྱུང་བ་ས་ལས་གྲུབ།།
བརྟན་ཞིང་སྦོམ་པ་ཞིག་ཏུ་བཞེད།།
ཡང་གཅིག་དགོས་པ་བཅུ་དགུ་བཤད།།
མགོ་བོ་སྐམ་ལ་འཕྲིལ་བ་དགོས།།
མིག་རྩ་གཙང་ལ་གྲུང་བ་དགོས།།
ལུག་བཞི་མཉམ་ལ་འཕྲིལ་བ་དགོས།།
མཇིང་སྟོད་ཕྲ་ལ་གཙང་བ་དགོས།།

མཛིང་སྣད་ཆེ་ལ་མཐུག་པ་དགོས།།
མགུལ་པ་ཕྲ་ལ་འཁྱིལ་བ་དགོས།།
ནམ་ཚོང་གྲུ་བཞི་ཡངས་པ་དགོས།།
བྲང་ཟེ་ཤིན་ཏུ་འབུར་བ་དགོས།།
སྙིང་ཁྲིམ་ཅུང་ཟད་བསྐྱུང་བ་དགོས།།
དཔུང་མགོ་ཆེ་ལ་རླུམ་པ་དགོས།།
དཔུང་དབར་ཤིན་ཏུ་ཡངས་པ་དགོས།།
སོག་པ་དགྱེ་ལ་རིང་བ་དགོས།།
ཟེ་སོགས་སྲབ་ལ་དམ་པ་དགོས།།
ལུས་སྤུབས་ཤིན་ཏུ་ཆེ་བ་དགོས།།
བཤུལ་ཤ་ཤིན་ཏུ་རགས་པ་དགོས།།
རྐུབ་ཁྲིམ་ཤིན་ཏུ་འཁྱིལ་བ་དགོས།།
དཔྱི་མགོ་མཐོ་ལ་རླུམ་པ་དགོས།།
མཚང་ར་ཞེལ་ལ་སྤྱུག་པ་དགོས།།
དཔྱི་སྙིང་ཤིན་ཏུ་ཆེ་བ་དགོས།།
ཡང་གཅིག་གལ་ཆེན་རྣམ་དྲུག་བཤད།།
ཨོག་བར་ཡངས་ལ་ཤ་རྐོད་ཆེ།།
གྱེན་དུ་འགྲོ་བའི་གལ་ཆེན་ཡིན།།
ཟེ་སོགས་དམ་ལ་ཕྱི་སྒྲོམ་ཡངས།།
ཐུར་དུ་མགྱོགས་པའི་གལ་ཆེན་ཡིན།།
རྐུབ་ཁྲིམ་ཆེ་ལ་བཤུལ་ཤ་རགས།།
ཐག་ལ་འགྲོ་བའི་གལ་ཆེན་ཡིན།།

བྲང་ཞེང་ཆེ་ལ་ཕྱི་སྒྲོམ་ཡངས། །
གསལ་ལ་དགོས་པའི་གལ་ཆེན་ཡིན། །
མཚང་ར་ཞོལ་ལ་སྒྲིབ་པ་གྲུག །
འགྲོས་ལ་དགོས་པའི་གལ་ཆེན་ཡིན། །
ཤ་རྒོད་རུས་རྒོད་དཔུང་རྒོད་གསུམ། །
ཤེད་ལ་དགོས་པའི་གལ་ཆེན་ཡིན། །
ད་ནི་རྒོད་པ་བཞི་ཡི་བརྟག །
དེ་ཡང་ཤ་རྒོད་རུས་རྒོད་དང་། །
སྤུ་རྒོད་ཆུ་རྒོད་གཉིས་ཏེ་བཞི། །
དང་པོ་རུས་རྒོད་བསྟན་པ་ནི། །
སྤྱི་བོའི་གཙུག་གི་རུས་རྒོད་དེ། །
གནམ་དུ་འཛིན་པ་འདྲ་ན་བཟང་། །
མིག་ཕོར་འཁོར་གྱི་རུས་རྒོད་དེ། །
སྤྲལ་པ་ནགས་ལ་ཕྲོས་འདྲ་བཟང་། །
ཐོད་ཚོམས་གཡས་གཡོན་རུས་རྒོད་དེ། །
ཤིང་བྲེ་ཀོ་རྟེན་གཡོགས་འདྲ་བཟང་། །
དཔྲལ་པའི་མེ་ལོང་རུས་རྒོད་དེ། །
ཤིང་བྲེ་ཁ་སྦུབ་འདྲ་ན་བཟང་། །
མགུལ་དང་མགྲིན་པའི་རུས་རྒོད་དེ། །
ཁྲུང་ཁྲུང་གར་ལ་ཆས་འདྲ་བཟང་། །
དཔུང་པ་གཡས་གཡོན་རུས་རྒོད་དེ། །
བྱང་འབྲོང་དར་མ་འདྲ་ན་བཟང་། །

ཆིབས་མའི་རུས་རྐོད་ཕུབ་ཚུལ་དེ།།
གུར་ཆེན་ཕྱོགས་བཞིར་བརྒྱངས་འདྲ་བཟང་།།
དཔྱི་དང་མཚང་རའི་རུས་རྐོད་དེ།།
གཡང་དཀར་ལུག་ཕོའི་སྙད་འདྲ་བཟང་།།
མཇུག་མའི་རུས་རྐོད་འཆར་ཚུལ་ནི།།
སྤང་ལ་བེ་ཕུར་བཏབ་འདྲ་བཟང་།།
ཡན་ལག་ལྷུ་བཞིའི་རུས་རྐོད་ནི།།
གྱད་མི་ཁྲིས་པ་འདྲ་ན་བཟང་།།
ཀང་ལག་སྐྱིག་བཞིའི་རུས་རྐོད་ནི།།
རྒྱ་ཕོར་ཁ་སྦུབ་འདྲ་ན་བཟང་།།
བཟང་དཔྱད་རུས་རྐོད་བཅུ་གཅིག་གོ།
ད་ནི་ཤ་རྐོད་བཅོ་ལྔ་བཤད།།
དཔྲལ་ཉ་ཟུང་གི་ཤ་རྐོད་ནི།།
སྤྲལ་པ་ནགས་ལ་གབ་འདྲ་བཟང་།།
འགྲམ་ཤ་ཟུང་གཅིག་ཤ་རྐོད་ནི།།
རང་འཐག་ཟུར་ལ་བསྣངས་འདྲ་དགོས།།
ཨོལ་མ་ཆུ་སྲིན་ཤ་རྐོད་ནི།།
ཉ་མོ་ཆབ་ལ་རྐྱལ་འདྲ་བཟང་།།
སྙི་སྟིང་མཛིང་པའི་ཤ་རྐོད་ནི།།
ཡོགས་ལ་གཞོག་པ་འདྲ་ན་བཟང་།།
སོག་ཉ་ཟུང་གི་ཤ་རྐོད་ནི།།
འབྲུག་གི་གཤོག་པ་འདྲ་ན་བཟང་།།

བྲང་ཤ་ཟུང་གི་ཤ་ཆོད་ནི།།
ན་ཆུང་ནུ་མ་འདྲ་ན་བཟང་།།
དཔུང་པ་ཟུང་གི་ཤ་ཆོད་ནི།།
རྒྱ་ཟོར་བཀུག་པ་འདྲ་ན་བཟང་།།
བཤུལ་ཤ་ཟུང་གི་ཤ་ཆོད་ནི།།
འཁྲིང་བྲེ་གཞིབ་པ་འདྲ་ན་བཟང་།།
ཤ་ལུང་གཡས་གཡོན་ཤ་ཆོད་ནི།།
མི་རྟིང་ལ་ཁར་ལངས་འདྲ་བཟང་།།
སེ་རལ་གཡས་གཡོན་ཤ་ཆོད་ནི།།
ཆུ་ཁྲོད་དྭ་བ་བཅུག་འདྲ་བཟང་།།
བཙྭ་སྨད་གཡས་གཡོན་ཤ་ཆོད་ནི།།
ཕྱི་ལ་ལུགས་པ་འདྲ་ན་བཟང་།།
བཙྭ་ཤ་ཕྱི་ཟུར་ཤ་ཆོད་ནི།།
སྤྲུལ་ནག་ཐུར་དུ་རྒྱུགས་འདྲ་བཟང་།།
བཙྭ་ནང་གཡས་གཡོན་ཤ་ཆོད་ནི།།
ཆ་ལ་སྦུབ་པ་འདྲ་ན་བཟང་།།
ཚོགས་གོང་རྣམ་བཞིའི་ཤ་ཆོད་ནི།།
གདུ་བུ་སྒྲོན་པ་འདྲ་ན་བཟང་།།
ད་ནི་ཆུ་ཆོད་བསྟན་པར་བྱ།།
སྤྲིད་པ་ཕུས་མོའི་ཆུ་ཆོད་ནི།།
སྦོམ་ཞིང་འཁྱོག་པ་འདྲ་ན་བཟང་།།
རྡོ་རྗེ་ཀང་བཞིའི་ཆུ་ཆོད་ནི།།

དམ་ཞིང་སྐམ་པ་འདྲ་ན་བཟང་། །
མཐུག་མའི་རྩ་བའི་ཆུ་རྒོད་ནི། །
སྲ་ཞིང་ཐུང་བ་བྱུང་ན་བཟང་། །
ཡང་གཅིག་སྤུ་རྒོད་བསྟན་པར་བྱ། །
ཁྲུང་ཁྲུང་རྫོག་མའི་སྤུ་རྒོད་ནི། །
འཛམ་ལ་མཉེན་པ་བྱུང་ན་བཟང་། །
ཨོག་མ་འགྲམ་པའི་སྤུ་རྒོད་ནི། །
རྩུབ་ལ་རིང་བ་བྱུང་ན་བཟང་། །
བརྙ་ཤ་ཕྱི་ཟུར་སྤུ་རྒོད་ནི། །
མང་ལ་རགས་པ་བྱུང་ན་ལེགས། །
ཆུ་རྒྱུད་ཚིལ་གྱི་སྤུ་རྒོད་ནི། །
ཕྲ་ལ་རིང་བ་བྱུང་ན་བཞེད། །
རྣ་མཚམས་རྣམ་བཞིའི་སྤུ་རྒོད་ནི། །
སྙིག་པ་ནོན་ན་མཆོག་ཏུ་བཞེད། །
མཐུག་རྩེ་ཟ་མའི་སྤུ་རྒོད་ནི། །
ཕྲ་ལ་རིང་བ་མཆོག་ཏུ་བཞེད། །
རྫི་མ་སྨིན་མའི་སྤུ་རྒོད་ནི། །
རིང་ལ་མཐུག་པ་མཆོག་ཏུ་བཞེད། །
སྙོངས་ཁ་འདོམས་ཀྱི་སྤུ་རྒོད་ནི། །
རིང་ལ་མང་བ་མཆོག་ཏུ་བཞེད། །
ཡང་གཅིག་རྒྱལ་བློན་བཙུན་མོ་སྲས། །
སྲང་སྒོ་ཡུལ་མཁར་དགྲ་དཔུང་བདུན། །

དཔེ་ཡི་སྔོ་ནས་བཟང་དཔྱད་བཤད། །
དང་པོ་རྒྱལ་པོ་ལྷ་བུ་ནི། །
ཆེ་དགོས་བཅུ་གསུམ་འདི་ལྟ་སྟེ། །
དཔྲལ་ཞེང་ཆེ་དང་འགྲམ་ཞེང་ཆེ། །
མིག་རུས་ཆེ་དང་ལྷག་རུས་ཆེ། །
ཁ་ཆེ་གསུས་པ་ཆེ་དང་དྲུག །
ཤ་རྐོད་གསུམ་དང་རྫེ་བཞི་ཆེ། །
བཅུ་གསུམ་གྲངས་ཀྱི་ཆེ་བ་དགོས། །
སྤྲོམ་དགོས་སློན་པོ་འདྲ་དྲུག་ནི། །
རྐེད་པ་མཇུག་མ་སྒྲོ་ཁ་དང་། །
མགོ་སྟོད་སྦ་བ་ཡན་ལག་དྲུག །
རིང་དགོས་བཙུན་མོ་འདྲ་བཞི་ནི། །
སྐེ་དང་ཞྭ་བཞི་ཚིགས་དབར་བཞི། །
སྲས་ལྷར་གྲུང་དགོས་བརྒྱད་པོ་ནི། །
མིག་འབྲས་གཉིས་དང་ཕོ་མཚན་ལྟེ། །
རྨིག་བཞི་སྦལ་ཞབས་གསལ་དང་བརྒྱད། །
སྲང་སྔོ་འདྲ་བའི་ཕྲ་སྲང་ནི། །
རྐེད་པ་ཐུར་ཁྲིམ་རྣ་བའི་རྩེ། །
རྣ་བའི་རྩ་བ་གཉིས་དང་ལྔ། །
ཡུལ་མཁར་འདྲ་བའི་ཡངས་དགོས་ནི། །
སྣ་ཁུག་སྣ་ཅིག་བུ་ག་ཡངས། །
ཛ་སྒྲོམ་ཕྱི་སྒྲོམ་རྫེ་བཞི་ཡངས། །

ཨོག་དབྲག་ཡངས་དང་བཅུ་གཅིག་གོ །
དགྲ་དཔུང་ལྔ་བུ་ཐུང་དགོས་ནི། །
རྐེད་པ་མཐུག་སྙིང་དཔུང་ལྷུ་གཉིས། །
སྐལ་ཐག་ཐུང་དང་རྣམ་ལྔ་དགོས། །
མདོར་ན་རྟ་གཅིག་སྐྱོན་བརྒྱ་ཡང་། །
ཡོན་ཏན་གཅིག་གིས་ཐུབ་པ་གཉིས། །
དང་པོ་འོག་སྒོ་བཤུལ་པའི་སྟེང་། །
ཤ་རྐོད་ལྷག་པར་བྱུང་ན་ཡིན། །
གཉིས་པ་རུས་པའི་ཐུབ་པ་སྟེ། །
མིག་རྒྱབ་རྒྱ་མདུད་རུས་པ་ནི། །
གཞན་ལས་ཆེ་བ་འབྱུང་ན་ཡིན། །

ཞེས་རྟ་དཔྱད་མཐོང་བ་ཀུན་གསལ་མེ་ལོང་ལས། རྟ་རིགས་བཟང་ངན་སྣ་ཚོགས་ཀྱི་བརྟག་པ་བསྟན་པའི་ལེའུ་སྟེ་གཉིས་པའོ། །

༣ དཔྱད་དོན་ཐོར་བུ་བསྣན་པ།

དེ་ནས་བཟང་ངན་འདྲིས་མ་ཡིན། །
དཔྱད་དོན་ཐོར་བུ་འགའ་ཞིག་སྟོན། །
དང་པོ་མགོ་ཡི་དཔྱད་དྲུག་བཤད། །
གཅན་མགོ་སྦལ་མགོ་ལུག་མགོ་དང་། །
ཡོས་མགོ་སྤྲ་མགོ་ཤྭ་མགོ་དྲུག །
གཅན་མགོ་སྣ་ཉག་ཁ་རྩ་ཆེ། །
མིག་ཕྲིན་དམར་ལ་མིག་རྩ་རྐོད། །

མིག་ཐོར་ཆེ་ཆུང་འཚམ་པ་ཡོད།།
སྤྲལ་མགོ་མིག་སྤྲིན་མིག་ཐོར་ཆེ།།
རྣ་བ་ཐུང་ལ་ཤོག་དབྲག་ཡངས།།
ཁ་ཆེ་སྣ་བུག་ཡངས་པ་འོ།།
ལྒུག་མགོ་དཔྲལ་ཞེང་མིག་ཐོར་ཆེ།།
མགོ་སྣ་རིང་ལ་མགོ་སྟོད་སྒྲུར།།
ཁ་མཚུལ་སྒྲོམ་ལ་ཤོག་དབྲག་ཡངས།།
མིག་རུས་ཁ་རྩ་ཆེ་བ་འོ།།
ཡོས་མགོ་མདོག་བཟང་མཚུལ་པ་སྒྲུར།།
མགོ་བོ་ཆུང་ལ་རྣ་བ་རིང་།།
མིག་ཐོར་ཆེ་ལ་ཤོག་དབྲག་ཡངས།།
སླ་མགོ་མིག་ཀླུམ་མགོ་བོ་ཆུང་།།
ཁ་མཚུལ་ཆུང་ལ་རྣ་བ་ཐྲ།།
ཤྭ་མགོ་དྲང་པོ་ཤོག་དབྲག་དོག།
དཔྲལ་གདོང་མིག་ཐོར་ཆུང་བ་ལ།།
རྣ་བ་ཆེ་ཞིང་ཤ་རུས་ཀྱི།།
སྒུལ་རྣམས་རྣམ་པར་ཕྱེད་པ་འོ།།
གཉིས་པ་མཇུག་མའི་དཔྱད་བསྟན་པ།།
མཇུག་ཤ་ཐམས་ཅད་ཐུང་ན་བཟང་།།
རིང་རུང་ཐུང་རུང་འཁྱིལ་བ་བཞེད།།
སྒྲོམ་ལ་ཐུང་ན་རབ་ཡིན་ཏེ།།
ཕྲ་ལ་ཐུང་ན་འབྲིང་བ་ཡིན།།

རློད་ལ་ཐུང་ན་ཐ་མ་ཡོ།།
སྤང་ལ་བེ་ཕུར་བཏབ་འདྲ་རབ།།
ཕྲན་ཙམ་རློད་ན་འཁྲིང་པོ་ཡིན།།
ཤིན་ཏུ་རློད་པ་ཐ་མ་ཡོ།།
ཐུང་བ་རབ་ལ་ཚད་མ་འཁྲིང་།།
ཤིན་ཏུ་རིང་བ་ཐ་ཆད་དོ།།
ཡོ་དང་འཁྱོག་དང་ལྷེམ་ན་ཆག།
མཇུག་སྐྱོན་ཅན་ལ་ངེས་པ་མེད།།
གསུམ་པ་ཕོ་མཚན་བསྟན་པ་ནི།།
ཕོ་མཚན་ཕྱི་ཡི་ཤུན་པ་དེ།།
ཕོ་ཁའི་ཕུ་ཐུང་འདྲ་ན་བཞེད།།
ནང་གི་མགོ་བོ་བཏུམ་པ་དེ།།
ཆུ་གྲོད་དར་ནང་འདྲིལ་འདྲ་བཟང་།།
གསང་བ་མཚན་མའི་ཛེ་བོ་སྟེ།།
ཤིན་ཏུ་ཆུང་བ་བྱུང་ན་བཞེད།།
ཆེ་རུང་ཆུང་རུང་ཕྲ་བ་བཞེད།།
བཞི་པ་རྨིག་པའི་དཔྱད་བསྟན་པ།།
རྐྱང་རྨིག་ཏུང་རྨིག་ཤྭ་རྨིག་དང་།།
ཛ་རྨིག་དག་དང་བཞི་ཡིན་ནོ།།
དང་པོ་རྐྱང་རྨིག་བསྟན་པ་ནི།།
རྨིག་པ་ཆུང་ལ་ཕྱི་དབྱིབས་ཟླུམ།།
སྤལ་མགོ་དམ་ལ་སྤལ་པ་ཆུང་།།

རྟིང་རིང་རྣ་རྩེ་ཕྱི་བྲུར་མཐོ། །
གཉིས་པ་དུང་མིག་རྒྱ་ཕོར་ནི། །
སྦལ་པ་ཕྲ་ལ་སྦལ་མིག་རིང་། །
རྣ་མཁར་མཐོ་ལ་རྣ་ཁ་དམ། །
སྦལ་པ་ཕྱི་རུ་སྦྲོས་པ་འདྲ། །
རྫ་ལུང་ལྕགས་ཀྱི་མཆེ་བ་ཅན། །
ཟེ་འཁྱོག་སྤྲ་དང་ལྡན་པ་དེའི། །
རྗེས་གཞི་ས་ལ་རེག་པ་འོ། །
ལག་མིག་བྱིའུ་གཤོག་ཙམ་ཞིག་ནང་། །
སྐུར་ན་གྲུ་མོས་སྙིང་མི་བཅིར། །
རྐང་མིག་བྱིའུ་གཤོག་ཙམ་ཞིག་ཕྱིར། །
གྲིས་ན་པུས་མོས་ཡོང་མི་བཅིར། །
བྱ་ཡི་གཤོག་པ་ལྷ་བུ་ཡི། །
རྟ་ཡི་མིག་པ་ཡིན་ཏེ་བཟང་། །
གསུམ་པ་ཤྭ་མིག་འཛོང་ནར་ནི། །
རྣ་མཁར་དམའ་ལ་མིག་རྩེ་རིང་། །
ཡེ་ཞུར་ས་ལ་དུད་ཅིང་འགྲོ། །
རྣ་ཁ་མི་དམ་སྦལ་པ་ཆེ། །
ཕྱི་བྲུར་ཆེ་བ་མེད་པ་འོ། །
བཞི་པ་ཛ་མིག་ཕྲུལ་མོ་ནི། །
རྣ་མཁར་དམའ་ལ་སྦུབ་ཅིང་ཕྲུལ། །
སྦལ་པ་ཕྱིར་ལུགས་དུད་ནས་འགྲོ། །

དེ་གཉིས་བྱུང་ན་རྟ་བཟང་ཡང་། །
བྱང་རྒྱུད་འདམ་ལ་ཚུད་པ་འདྲ། །
རང་གིས་མི་ཉེ་ཡོད་ཀྱང་ཚོངས། །
ལྔ་པ་རྗེས་ཀྱི་རྟ་དཔྱད་ནི། །
རྨིག་རྗེའི་རྗེས་ལ་མི་གསལ་བ། །
འཚབ་འཚུབ་སོང་ན་རྟ་རབ་ཡིན། །
རྗེས་སྟོད་གསལ་ལ་སྨད་མི་གསལ། །
རྐང་རྗེས་ལག་རྗེས་འཐམ་ན་འཁྲིང་། །
རྐང་རྗེས་ལག་རྗེས་མི་འོན་ཞིང་། །
རྗེས་ཀྱི་སྟོད་སྨད་གཉིས་ཀ་གསལ། །
དེ་ནི་ཐ་མའི་རྟ་རྗེས་ཡིན། །
དྲུག་པ་ཟས་ཀྱི་སྒོ་ནས་བརྟག །
ཟས་མང་སྐྱངས་ཉུང་རབ་ཀྱི་རབ། །
ཟས་མང་སྐྱངས་མང་རབ་ཀྱི་ཐ། །
ཟས་འཁྲིང་སྐྱངས་ཉུང་འཁྲིང་གི་རབ། །
ཟས་འཁྲིང་སྐྱངས་འཁྲིང་འཁྲིང་གི་ཐ། །
ཟས་ཉུང་སྐྱངས་ཉུང་ཐ་མའི་རབ། །
བདུན་པ་ཆུ་ཡི་སྒོ་ནས་བརྟག །
ཆུ་འཐུང་བྱ་ར་ཡང་ཡང་བྱེད། །
འཐུང་གྲངས་མང་ལ་ཆུ་གྲོན་ཆུང་། །
བྱ་རིགས་ཡིན་པས་བཟང་བར་བཤད། །
ཆུ་ནི་ལན་གསུམ་རྒྱལ་ནས་འཐུང་། །

སྟག་གཟིག་གཅན་གཟན་རིགས་ཡིན་བཟང་།།
ཚུ་ནི་ལན་གཉིས་ངེས་འཁྱུང་ན།།
ཤ་རྐྱང་རི་དྭགས་རིགས་ཡིན་འབྲིང་།།
ཚུ་ནི་དུས་གཅིག་འཛིགས་འཁྱུང་ན།།
བ་གླང་ཕོང་བུའི་རིགས་ཡིན་ངན།།
གསོ་བ་སླ་ཡང་ཕུགས་མི་ཐུབ།།
བརྒྱད་པ་སྐད་ལ་བརྟག་པ་ནི།།
རྟ་རབ་ཅོ་གའི་སྐད་དུ་འདོན།།
འགྱུར་ཞིང་ངར་དང་ལྡན་པ་བོ།།
རྟ་འབྲིང་འོལ་བའི་སྐད་དུ་འདོན།།
སྲོམ་ཞིང་སྣ་བུག་དག་ནས་འཚེར།།
ཐ་མ་ཕག་པའི་སྐད་དུ་འདོན།།
འཛེར་ཞིང་སྣ་བུག་དག་ནས་ཏུ།།

ཞེས་རྟ་དཔྱད་མཐོང་བ་ཀུན་གསལ་མེ་ལོང་ལས། བཟང་ངན་འདྲེས་མ་ཐོར་བུའི་དཔྱད་བསྟན་པའི་ལེའུ་སྟེ་གསུམ་པའོ། །

༤ འགག་འཕྲང་གསལ་བ།

དེ་ནས་ངན་པར་བརྟག་དཔྱད་ནི།།
ལྷུ་ཐུང་ཛ་བཤལ་རྫོག་མ་བཟང་།།
གཞིན་གྱི་ཛ་ཁལ་བྱས་ན་ལེགས།།
ཁ་ཤ་སྣ་ཤ་བྲེའུ་ཤ་མིག།
སྒྲུར་པོ་ཁྲི་སྐྱོན་ཏེ་ལོའི་བྲང་།།

ཕྱུག་པོའི་རྟ་གཡོག་བྱས་ན་ལེགས། །
དགེ་རིང་བྱ་བརྙ་ཕུ་ཤུད་མགོ །
དེ་གསུམ་གཟུགས་ཀྱི་ངན་གསུམ་ཡིན། །
ལྷུ་ཐུང་ཟ་བཤལ་མཚན་ཉིད་ནི། །
ཤ་རྒོད་མེད་པར་གནག་ན་ཆེ། །
གསུས་པ་ཆེ་ལ་སུག་བཞི་ཐུང་། །
ཟ་ཟོག་ཞིབ་ལ་རྨིག་པ་ངན། །
མགོ་སྟོད་ངན་ལ་མཚུལ་པ་སྲོམ། །
རྣ་བ་ཐུང་ལ་དྲུག་མདོ་ཞན། །
ཁ་ཤ་སྣ་ཤ་བྱ་བ་ནི། །
རྨིག་པ་ཤིན་ཏུ་ཆུང་ལ་ངན། །
མགོ་བོ་ཆུང་ལ་སྣ་བུག་དོག །
རྐེད་པ་ཕྲ་ལ་རྐེད་ཤོག་སྐྱུར། །
འགྲོས་ཆུང་ཐང་ཆུང་ཁ་ཚན་ཆེ། །
དགེ་རིང་བྱ་བརྙའི་མཚན་ཉིད་ནི། །
སྐེ་ཕྲ་མགོ་ཟེང་རིང་བ་ལ། །
སུག་བཞི་རིང་ལ་དགྱེ་དགུ་མེད། །
གསུས་པ་ཆུང་ལ་རྐེད་པ་རིང་། །
ཤ་རྒོད་ཆུང་ལ་ཟ་ཟོག་རིང་། །
དཔྱི་དང་བརྙ་གཉིས་ཤིན་ཏུ་དྲང་། །
རྨིག་པ་བཟང་ངན་ཅི་ཡང་སྲིད། །
སྣ་བུག་དོག་ལ་རྣ་བ་རིང་། །

རྣ་བའི་བར་ཐག་གཞན་ལས་ནི། །
མིག་དང་མགོ་གཙུག་རུས་གཉིས་ཚུང་། །
དེ་དག་ངན་པ་གསུམ་གྱི་དཔྱད། །
ཀུན་གཞིའི་བརྟེན་མཁར་སྙིང་ཡིན་པས། །
གྲུ་མོའི་ཁུག་གིས་བཙིར་ན་ངན། །
སྙིང་གི་མེ་ཏོག་ཟ་བྱེད་ལྟེ། །
འགྲམ་པ་གཉིས་ཀྱིས་བཙིར་ན་ངན། །
མཆིན་པའི་མེ་ཏོག་མཐོང་བྱེད་མིག །
མིག་ཕོར་རུས་པས་བཙིར་ན་ངན། །
ཡོང་ཁ་ཕུས་མོས་བཙིར་ན་ངན། །
ཡོན་ཏན་ཐམས་ཅད་ལྡན་གྱུར་ཀྱང་། །
ཧ་ཅང་སྤྱོད་དཀའ་ལྟི་བ་དང་། །
ཧ་ཅང་གཟུགས་ཚུང་སྤྱོད་མེད་གཉིས། །
སྐྱོན་གྱིས་ཡོན་ཏན་བརྒྱ་ཕྲག་འཇོམས། །
བཟང་གསུམ་དང་ནི་ངན་གསུམ་དང་། །
རྟ་རིགས་ཐམས་ཅད་འདུས་པ་ཡིན། །
ད་ནི་ནོར་བའི་འདྲ་རི་དཔྱད། །
ལེགས་པར་བཤད་ཀྱིས་དྭངས་པས་ཉོན། །
སྦོམ་དང་ལྷོད་གཉིས་ནོར་ར་རེད། །
མགུལ་གསུམ་སྦོམ་ན་ལྷོད་པས་ངན། །
ཕྲ་དང་གྲིམ་གཉིས་ནོར་ར་རེད། །
ཉ་བཞི་སྦོམ་ན་གྲིམ་པས་བཟང་། །

སྒྲུར་དང་གུག་གཉིས་ནོར་ར་རེད།།
མཛིང་པ་ཐུང་ན་གུག་པས་ངན།།
དགྱེ་དང་ལྡེམ་གཉིས་ནོར་ར་རེད།།
བཀྲུལ་ཤ་རགས་ན་དགྱེ་བས་བཟང་།།
རྒྱུས་སྲུལ་མེད་ན་ནོར་བས་ངན།།
ཟུར་དང་སྒྱུར་གཉིས་ནོར་ར་རེད།།
སྒྲོམ་བཞི་དོག་ན་སྒྱུར་བས་ངན།།
ཞེབ་དང་ནར་གཉིས་ནོར་ར་རེད།།
བཀྲུལ་ཤ་ཆེ་ན་ཞེབ་པས་བཟང་།།
རྒྱུས་སྲུལ་མེད་ན་ནོར་པས་ངན།།
རྩལ་དང་ཁེངས་གཉིས་ནོར་ར་རེད།།
སྒྲོམ་ཞིང་རགས་ན་རྩལ་ཆེན་བཟང་།།

ཞེས་རྟ་དཔྱད་མཐོང་བ་ཀུན་གསལ་མེ་ལོང་ལས། ངན་པ་དཔྱད་དང་ནོར་ཉེན་བསལ་བའི་ལེའུ་སྟེ་བཞི་པའོ། །

༥ སྤུ་རིགས་བརྟག་ཐབས།

ད་ནི་སྤུ་རིགས་བརྟག་པ་ནི།།
ཕོ་སྤུ་མོ་སྤུ་མ་ནིང་སྤུ།།
ཕོ་སྤུ་རྩུབ་རིང་རྩུབ་ཐུང་གཉིས།།
རྩུབ་རིང་གྲུམ་པ་དར་མ་འདྲ།།
རྩུབ་ཐུང་རྒྱ་སྨུག་དར་མ་འདྲ།།
མོ་སྤུ་འཇམ་རིང་འཇམ་ཐུང་གཉིས།།

འཛམ་རིང་སྐྱོང་མོ་དར་མ་འདྲ།།
འཛམ་ཐུང་ཕྱི་ལ་དར་མ་འདྲ།།
མ་ཉིང་སྨྱུ་ལ་རྐོད་གཡུང་གཉིས།།
རྐོད་ལ་ཆུ་སྲམ་དར་མ་འདྲ།།
གཡུང་ནི་ཧེ་ལོ་དར་མ་འདྲ།།
ཕོ་སྨྱུ་ཁ་གཏིང་མེད་པ་རྒྱབ།།
མོ་སྨྱུ་ཁ་གཏིང་མེད་པ་འཛམ།།
མ་ཉིང་ཁ་རྒྱབ་གཏིང་འཛམ་མོ།།
སྨྱུ་ཚན་མཐུག་ན་ཀུན་ལ་བཟང་།།
སྨྱུ་ཚན་སྲབ་ན་ངན་པའི་སྨྱུ།།

ཞེས་རྟ་དཔྱད་མཐོང་བ་ཀུན་གསལ་མེ་ལོང་ལས། སྨྱུ་རིགས་བརྟག་པའི་ལེའུ་སྟེ་ལྔ་པའོ། །

༦ སོ་རིགས་བརྟག་ཐབས།

དེ་ནས་སོ་རིགས་བརྟག་པ་ལ།།
སྤྱི་དང་བྱེ་བྲག་རྣམ་པ་གཉིས།།
སྤྱི་ཏུ་བཟང་ངན་བརྟག་པ་དང་།།
བྱེ་བྲག་རྐན་གཞོན་བརྟག་པ་འོ།།
དང་པོ་སོ་རིགས་རྒྱང་སོ་དང་།།
འབྲི་སོ་ལུག་སོ་ཛ་མོང་སོ།།
ཕག་སོ་རྣམ་ལྔ་བརྟག་པ་ལ།།
རྒྱང་སོ་སེར་པོ་སྨྱུ་གུ་ཅན།།

རྐན་ཡང་སྨུག་རྩ་བཟང་རྟ་ཡིན། །
འབྲི་སོ་སེར་པོ་ནོར་སོ་འདྲ། །
སྔོན་པོ་སོ་རིས་ཅན་ལ་ནི། །
གཞོན་ཡང་བྱེར་ཡོད་འབྲིང་ཐ་ཡིན། །
ལུག་སོ་དཀར་ཆུང་ལུག་སོ་འདྲ། །
གཞོན་ཡང་འདུས་ཡོད་ངན་པ་ཡིན། །
ཛ་སོ་ཛ་མོང་སོ་དང་འདྲ། །
ཕག་སོ་རིགས་ལ་འདུས་པ་ཡིན། །
རིམ་པས་གོང་བཟང་འོག་མ་ངན། །
སྨུ་མདོག་དཀར་པོའི་རིགས་རྣམས་ལ། །
སོ་མདོག་དཀར་ཤས་ཆེ་བ་འབྱུང་། །
ངང་སེར་ཁམ་པའི་རིགས་རྣམས་ལ། །
སོ་མདོག་སེར་པོ་ཤས་ཆེ་འོང་། །
བྲ་བོ་ནག་པོའི་རིགས་རྣམས་ལ། །
སོ་མདོག་ནག་པོ་ཤས་ཆེ་འོང་། །
སོ་དྲིག་ནག་པོ་ཆགས་ན་བཟང་། །
སེར་པོ་འབྲིང་ལ་དཀར་པོ་ཐ། །
རྐོད་མ་རྟེའུ་མེད་རྗེས་སྐམ་ལ། །
རྐས་ཀྱང་སོ་བཟང་བརྟག་པར་དཀའ། །
སེབ་རྐན་ཕ་རྟ་ཡུན་རིང་དང་། །
རྐོད་མ་ལ་རྟེའུ་ཁྲིད་པ་ལ། །
སྨུར་དུ་རྐས་པས་བརྟག་པར་དཀའ། །

སོ་རྒྱབ་སྒུལ་ཡོད་སོ་རྩེ་རྩུབ། །
མཆེ་བ་རྡོ་ན་གཞོན་པ་ཡིན། །
སོ་རྒྱབ་སྒུལ་མེད་སོ་རྩེ་འཇམ། །
མཆེ་བ་མགོ་ལེབ་རྒས་པའི་རྟགས། །
སྤྱིར་ན་མདུན་སོ་སྟེང་འོག་གཉིས། །
དྲུག་དྲུག་བཅུ་གཉིས་མཆེ་བ་བཞི། །
འགྲམ་སོ་ཉི་ཤུ་རྩ་བཞི་བཅས། །
ཕོ་རྟ་རྣམས་ལ་བཞི་བཅུ་ཡོད། །
རྒོད་མ་ཕལ་ཆེར་སུམ་བཅུ་དྲུག །
འགའ་ཞིག་ངེས་མེད་མཆེ་བ་བཞི། །
ཁག་གཅིག་མཆེ་བ་གཉིས་དང་ལྡན། །
བྱེ་བྲག་ཕོད་ཕྱུགས་སྐྱེ་བའི་ལུགས། །
སྐྱེས་ལོ་དང་པོར་ཐོ་ཏུ་ལོ། །
སྐྱེས་ལོ་གཉིས་པར་ག་འུ་ཁ། །
བ་ལ་ཞེས་སུ་གྲགས་པ་ཡིན། །
སྐྱེ་ལོ་གསུམ་པ་སྣ་རྒྱག་ལོ། །
གཟིས་པ་མས་སོ་གཉིས་པོ་སྐྱེས། །
ལོ་བཞི་པ་ལ་གཞུ་བ་ཟེར། །
བར་ལ་གཉིས་སོ་འབྲུལ་བ་འོ། །
ལོ་ལྔ་པ་ལ་མཐའ་གཉིས་བྲུལ། །
ན་གཅིག་མཆེ་བ་ནས་འབྱུ་ཙམ། །
འདི་ལ་ཚོར་ཕྱུགས་བཞི་པ་ཟེར། །

མས་དབུས་ནག་པོ་ཚོ་ལོ་རིས།།
གཉིས་པ་བར་ལ་གསུམ་པ་ཐ།།
བཞི་པ་སྔོན་པོ་གཡུ་བིག་རིས།།
ལྔ་པ་བར་ལ་དྲུག་པ་ཐ།།
བདུན་པ་སེར་པོ་གྲོག་རྐང་རིས།།
བརྒྱད་པ་བར་ལ་དགུ་པ་ཐ།།
བཅུ་པ་དཀར་པོ་ཉ་མིག་རིས།།
བཅུ་གཅིག་བར་ལ་བཅུ་གཉིས་ཐ།།
བཅུ་གསུམ་ནག་པོ་ཕུར་བ་རིས།།
བཅུ་བཞི་བར་ལ་བཅོ་ལྔ་ཐ།།
བཅུ་དྲུག་པ་ནི་གཏུན་ཤིང་ལྟར།།
བཅུ་བདུན་བར་ལ་བཅོ་བརྒྱད་ཐ།།
དེ་ནས་ལོ་གསུམ་གཡས་སུ་གྱེས།།
དེ་ནས་ལོ་གསུམ་གཡོན་དུ་གྱེས།།
དེ་ནས་ལོ་གསུམ་དབུས་སུ་འདུས།།
དེ་ནས་ལོ་གསུམ་ཙམ་ལ་བྱེར།།
དེ་ནས་སུམ་ཅུ་སོ་གཅིག་པར།།
གཤག་འདྲ་ཐོར་འདྲ་སོ་རྐང་ཟད།།
སྐྱེས་ནས་སུམ་ཅུ་སོ་ལྔ་ལོན།།
རྟ་དེའི་ཚེ་དང་ལས་སྐལ་རྫོགས།།
རྟེའུ་སྐྱེས་ལོ་གཟར་བུ་ཁ།།
གཞན་ཡང་ཉེར་མཁོའི་ཕྱུགས་རྗེས་ལ།།

ཧ་ཐྲིག་ཧ་ཐྲལ་སྐ་ཕུར་ཡོན།།
མདུན་གཉིས་མཐའ་གཉིས་ཕྱུགས་དར་པོ།།
ཕྱུགས་གཅིག་མདུན་སོ་ཚེ་པོ་རིས།།
པོ་གསུམ་མས་ལ་གནས་པ་ཡིན།།
བཞི་པ་སྔོན་པོ་བུམ་སང་རིས།།
པོ་གསུམ་ཡས་ལ་གནས་པ་ཡིན།།
བདུན་པ་ཉ་མིག་ནག་པོ་རིས།།
མས་ལ་པོ་གསུམ་གནས་པ་ཡིན།།
བཅུ་པ་ཉ་མིག་ཁྲོག་ཆང་རིས།།
ཡས་ལ་པོ་གསུམ་གནས་པ་ཡིན།།
བཅུ་གསུམ་ནག་པོ་ཕུར་བུ་རིས།།
མས་ལ་པོ་གསུམ་གནས་པ་ཡིན།།
གྱེས་དང་ལུས་དང་བྱེར་གསུམ་འབྱུང་།།
སྐྱེས་ནས་སུམ་ཅུ་སོ་གཅིག་ཡོད།།
དེ་ནས་ཞོན་ཁལ་མི་ནུས་སོ།།

ཞེས་རྟ་དཔྱད་མཐོང་བ་ཀུན་གསལ་མེ་ལོང་ལས། སོ་རིས་བརྟག་པའི་ལེའུ་སྟེ་དྲུག་པའོ།།

༧ འདུལ་སྦྱོང་སྐྱོང་ཐབས།

དེ་ནས་རྟ་མཆོག་གང་ཡིན་ཡང་།།
འདུལ་ཐབས་སྦྱོང་ཐབས་ཁམས་ཀྱི་བཤད།།
འགྲོ་ལུགས་སྦྱོད་ཐབས་རྒྱལ་སྦྱོང་དང་།།

དམ་ཚིག་བཅས་པ་རྣམ་པ་བདུན།།
དང་པོ་འདུལ་ཐབས་བསྟན་པ་ནི།།
ཉེན་མེད་དོག་སར་བཟུང་ནས་ནི།།
མི་གནོད་བདེ་བའི་ས་རུ་ཁྲིད།།
ཀང་ལག་སྒྲོག་བཅུག་སྐ་གདན་སྟོད།།
སྲབ་ཁུག་ཅུང་ཟད་འཐེན་ནས་ནི།།
ཞག་བདུན་བར་དུ་སྣ་ཁྲིད་བྱ།།
ནང་ནུབ་རྩྭ་ཆུ་གཙང་མས་གསོ།།
དུལ་ནས་ཧ་རོགས་བསྟན་པའི་རྗེས།།
རང་གིས་བཞོན་ནས་རང་འགྲོས་སློབས།།
བབས་དུས་དབུགས་ཁ་ལྷོད་ནས་བབས།།
སྐ་གདན་བརྗེ་དང་བཞོན་པའི་དུས།།
སྲབ་ཁུག་མཛེས་པའི་སྟོད་ཚུལ་སློབས།།
གཉིས་པ་སྦྱང་ཐབས་བསྟན་པ་ནི།།
འགྲོས་དང་གསལ་དང་བང་གསུམ་བརྟག།
འགྲོས་ལ་འདྲོག་འགྲོས་སྦྱང་འགྲོས་གཉིས།།
རྗོབ་འགྲོས་སྦྱུལ་འགྲོས་རྣམ་པ་བཞི།།
དེ་བཞིན་གསལ་ལ་རྣམ་པ་བཞི།།
གསལ་ཆེན་དང་ནི་ཕྱོགས་རྒྱབ་དང་།།
ཟེམ་རྗེས་མྱུར་རྗེས་རྣམ་པ་བཞི།།
བང་ལ་དཀྲུས་རིང་དཀྲུས་ཐུང་གཉིས།།
སྲབ་ཐུབ་སྲབ་མེད་རྣམ་པ་བཞི།།

སྣ་ཡི་འགྲུལ་ཚོད་མ་ཤེས་ན།།
སྐབ་ཀྱི་བཟུང་ཚོད་མི་ཤེས་ཤིང་།།
སྐྱེས་བུའི་འདུག་ཚུལ་མ་ཤེས་ན།།
ཕྱིན་པར་འདོད་པར་མི་སླེབས་པས།།
འདུག་ཚོད་གཏན་ལ་ཕབ་ནས་སྦྱོངས།།
སྣ་ཡི་འདུག་ཚུལ་འདི་ལྟར་བརྟག།
སྣ་ཡག་གཡས་འཕར་གཡོན་འཕར་བྱེད།།
དེ་ནི་ལྷོག་འགྲོས་ཡིན་པར་ཤེས།།
སྤ་རུ་འཕར་ཞིང་མགོ་ལྡོག་བྱེད།།
དེ་ནི་སྒྱུང་འགྲོས་ཡིན་པར་ཤེས།།
དཔུང་པ་གཡས་གཡོན་འཆམ་ལ་འགྲོ།།
དེ་ནི་རྫོབ་འགྲོས་ཞེས་སུ་བཤད།།
སྤ་རུ་འདྲིལ་ཞིང་འདར་བ་ན།།
སྒྱུལ་འགྲོས་ཡིན་པར་རིགས་པས་དཔྱད།།
གསལ་ལ་ཕྱི་རུ་ལྷིང་ཞིང་འཁྲོམས།།
དེ་ནི་གསལ་ཆེན་ཡིན་པར་དཔྱད།།
ཕྱི་རུ་འཁྲོམས་ཤིང་འཁྲིགས་པ་ན།།
ཕྱོགས་རྒྱབ་འདུར་ཆེན་ཡིན་པར་དཔྱད།།
སྣ་འོག་འདར་ཞིང་འཁྲིགས་པ་ན།།

དེ་ནི་ཟེམ་རྫེས་ཞེས་སུ་གྲགས།།

སྐ་འོག་སར་སར་བྱེད་པ་ན།།

སྨུར་རྫེས་འདུར་ཚུང་རིགས་པས་དཔྱད།།

བང་ལ་དབུགས་རིང་སྐོམ་དྲགས་ན།།

དེ་ནི་དགྱུས་རིང་ཤེས་པར་བྱ།།

དབུགས་ཐུང་དྲག་རྒྱུག་བྱེད་པ་ནི།།

དགྱུས་ཐུང་ཞེས་སུ་གྲགས་པ་ཡིན།།

རྒྱུག་གོམ་བདེ་ཞིང་ཁ་ལོག་བདེ།།

དེ་ནི་སྲབ་ཐུབ་ཅེས་སུ་བཤད།།

སྐ་ལོག་བྱེད་ཅིང་སྐྱུར་བ་ན།།

དེ་ནི་སྲབ་མེད་ཅེས་བྱའོ།།

རྒྱུག་ཅན་རྩོད་ཆེ་ཀུན་ལ་གཅེས།།

པན་པན་སྐབ་སྐབ་རྒྱུག་མེད་ཡིན།།

གསུམ་པ་ཁམས་ཀྱི་རྩལ་བསྟན་པ།།

སྐྱུར་པོ་ཧུར་ཞིང་བརྒྱུགས་ན་གྱེན།།

དགྱེ་བོ་འཛོལ་པོར་བརྒྱུགས་ན་ཐུར།།

ཟེམ་ཟེམ་དྲང་པོར་འཕྲོད་པ་བཟང་།།

བསྐྱོད་ཐབས་སྐྱོང་བའི་རིམ་པ་ནི།།

སྟོན་ཧ་ཟ་ཁ་སྣད་ལ་སྦྱོངས།།

དཔྱིད་ཧ་ཟ་ཁ་སྟོད་ལ་སྦྱོངས།།
བརྟན་ཧ་ཟིག་པ་སྐམ་ལ་སྦྱོངས།།
སྐམ་ཧ་ཟིག་པ་བརྟན་ལ་སྦྱོངས།།
སྨན་དང་བཅུད་ཀྱིས་གསོ་བར་བྱ།།
སྨན་ནི་ད་ཕྱིད་དགུ་སྦྱོར་དང་།།
ག་བུར་བཟང་དུག་མངར་གསུམ་གཏོང་།།
ཟས་ནི་ཤ་ཆང་ཟན་གྱིས་གསོ།།
ཤ་ཉམས་རྒྱས་ནས་འདི་ལྟར་སྦྱོངས།།
ཉི་མ་ཕྱེད་ནས་ས་སྟོད་བར།།
རྩ་ནི་གཙང་ལ་བཅུད་ལྡན་གཟན།།
དེ་ནས་ཆུ་ལྡུད་བྲིས་སུ་འཇུག།
སྤྱང་ལྡན་སྒོ་ལ་སྲབ་ཁུག་བྱ།།
ནམ་ཕྱེད་ཡོལ་ནས་སྲབ་ཁུག་གློད།།
ལུས་ལ་སེར་བུ་ཉི་ལྷག་སྲུངས།།
ཐོ་རངས་ཆུ་ལྡུད་བྲིས་སུ་འཇུག།
ཉི་ཤར་སྦྱོང་དང་རྒྱུག་པར་བྱ།།
ཁྱད་པར་རྒྱུག་པའི་དུས་སུ་ནི།།
ཨ་དུ་གསེར་མདོག་ཞིབ་པར་བརྟགས།།
གར་ཆང་ཕུལ་དོ་སྦྱར་ནས་ལྡུད།།

སེམས་ཀྱི་དཔའ་སྙིང་ནད་མི་ལྡང་།།

དབུགས་རྒོད་ཤིན་ཏུ་ཏལ་གྱུར་ན།།

ག་བུར་ཨ་རུ་བཟང་དྲུག་དག།

ཐུན་བཟང་མར་དཀར་སྦྱར་ལ་གཏོང་།།

དགུན་རྫུལ་ས་ལ་སྤྲིལ་དུ་འཇུག།

དབྱར་རྫུལ་ཆུ་ལ་བཤལ་བར་བྱ།།

དབུགས་ཁ་རང་སར་ལྡོད་ནས་ནི།།

སྲབ་དང་སྣ་གདན་ཕབ་པར་བྱ།།

སྲབ་ཀྱི་འཛིན་ལུགས་དམ་ལྷོད་གཉིས།།

གཟེང་དང་གནོན་པ་གཉིས་ཏེ་བཞི།།

གོམ་འགྲོས་གང་བྱུང་ས་རུ་བཟུང་།།

གྲི་སྲབ་ཤིན་ཏུ་གློད་ལ་བཟུང་།།

དགྲེ་ན་ལྷོད་དང་སྦྱུར་ན་འཐེན།།

རྒྱུར་འགྲོས་གང་འཁྲུག་གློག་སྟེ་འཐེན།།

འཐེན་ལྷོད་རིག་པས་དཔྱད་ཅིང་འགྲོ།

འདྲོག་ན་སྣ་ཚོགས་འཛིགས་པས་རྗེག །

རྟ་གྲོགས་འཁྱིལ་ན་གྲོགས་པོ་སྡེག།

སེམས་རྒྱལ་ཆེ་ན་སྐྱོང་ཡུན་བསྲིང་།།

ད་ནི་རྟ་ཡི་དམ་ཚིག་བསྟན།།

བང་སློབ་པ་ལ་གསལ་མི་སློབ། །

གསལ་སློབ་པ་ལ་བང་མི་སློབ། །

འགྱུར་ལྡོག་ཆེ་ན་རྩལ་མི་འདྲེན། །

འཁོར་རྟ་བཞོན་ནས་ཁལ་མི་འགེལ། །

ཁལ་རྟ་བཞོན་ནས་འཁོར་མི་བྱེད། །

གོམས་འདྲིས་ཆུང་བར་གཡར་མ་གཏོང་། །

བཙོག་ཅན་ཁྲིམ་དུ་བཞོན་མི་བྱ། །

འོག་རྟ་རང་གི་སློ་ཐུབ་ལ། །

ལྡིད་ལྡན་གྲིབ་ཅན་བཀལ་མི་བྱ། །

མི་རིགས་ངན་པས་བཞོན་པ་དང་། །

མི་གཙང་རྩ་ཆུ་སྤྲངས་བར་གལ། །

ཞེས་རྟ་དཔྱད་མཐོང་བ་ཀུན་གསལ་མེ་ལོང་ལས། འདུལ་སྦྱོང་སྐྱོང་ཐབས་བསྟན་པའི་ལེའུ་སྟེ་བདུན་པའོ། །

བརྟག་དང་བཅོས་ཐབས་རིམ་གྲོ།

༡ རིག་པ་རྩ་ལ་བརྟག་ཐབས།

དེ་ནས་ནད་ཅན་བརྟག་པ་ལ།།
རྩ་ཚུ་ཚྭེ་མིག་སྤྱི་གྲ་ཝོ།།
དང་པོ་རྩ་ཡི་མེ་ལོང་ལ།།
བལྟ་དུས་ཉི་ཤར་ཚུ་སྣུད་རྗེས།།
རྟ་མཁན་ལག་གཡས་རྟ་གཞོགས་གཡོན།།
རྟ་མཁན་ལག་གཡོན་རྟ་གཞོགས་གཡས།།
སྟོད་རྩ་ཕལ་ཆེར་ལག་པར་བལྟ།།
སྨད་རྩ་ཕལ་ཆེར་མཇུག་མར་བལྟ།།
ནད་མེད་ནད་ཅན་འདི་ལྟར་བརྟག།
ཕྱི་ནང་དབུགས་ལ་ལན་ལྔ་འཕར།།
དེ་ཡང་ཐང་ལྷོད་འཚམ་པ་ལ།།
གཞི་རྩ་གཉིས་ལས་མ་འཕར་ན།།
དེ་ནི་ནད་མེད་རྩ་ཡིན་ནོ།།
དེ་ལས་མང་འཕར་ཚ་བ་དང་།།
ཉུང་འཕར་གྲང་བ་ཡིན་པར་བཤད།།
རྒྱས་པར་འབྲུག་དང་སྦྲོས་དང་དྲགས།།

གྲིམ་ན་གམ་འཁྲུགས་ཡིན་པར་བཤད།།

དལ་དང་ལྡོད་དང་སྡོད་འཐེན་ན།།

ལྡོད་རྩ་ཚུ་ནད་ཡིན་པར་རྟོགས།།

དྲགས་དང་སྡོང་ན་གཉན་ཚད་ཡིན།།

དྲགས་ལ་སྦུན་ན་དུག་རྩ་ཡིན།།

དྲགས་ཤིང་རྒྱུག་ན་ལ་བ་ཡིན།།

དྲགས་ལ་གྲིམ་ན་ཡོང་ནད་ཡིན།།

སྦུན་པོ་ཤེད་ཆེ་ཚ་ཡོང་ཡིན།།

སྦུན་པོ་ཤེད་ཆུང་གྲང་ཡོང་ཡིན།།

འཕར་ཞིང་རྩུབ་ན་མཆིན་པའི་ནད།།

རྩུབ་ཅིང་རིང་ན་སྙིང་གི་ནད།།

རྩུབ་ཅིང་འཁྱོ་ན་གློ་བའི་ནད།།

དལ་ཞིང་ཕྲ་ན་མཁལ་མའི་ནད།།

རྩུབ་ཅིང་ཐུང་ན་ཚད་པའི་ནད།།

ཁ་དྲགས་སྙིང་སྡོང་གྲང་བའི་ནད།།

ཅེས་རྟ་དཔྱད་མཐོང་བ་ཀུན་གསལ་མེ་ལོང་ལས། རེག་པ་རྩ་ལ་བརྟག་པའི་ལེའུ་སྟེ་བརྒྱད་པའོ། །

༢ མཐོང་བ་རྒྱ་དང་ལྟོ་ལ་བརྟག་ཐབས།

ཚུ་ཡི་བརྟག་པ་དར་བ་འདྲ།།

ལྕུ་བ་ཆེ་ཞིང་དྲི་ངད་མེད།།

སྐྱོ་བ་དག་ལ་ནད་ཞུགས་རྟགས། །
སྐྱོ་སྲུང་དབྱེ་ཞིང་སྐྱོ་རྩ་གཏར། །
སེར་ལ་སྨ་རིང་མིག་ཆུ་འཛག །
ཤ་ལྷུགས་འཐམ་ན་མཆིན་པའི་ནད། །
རུ་ཐུང་གཏར་ལ་མཆིན་སྨན་གཏོང་། །
ཁྲག་ལྷར་དམར་ལ་མང་བ་དང་། །
ཉལ་ལང་དཀའ་ཞིང་ཟ་མི་འགྲུས། །
གམ་ཁྲག་ཡོ་བར་ལྷུང་བ་ཡིན། །
རྩེ་ཆེན་གཏར་ཞིང་ག་སྨན་སྦྱོར། །
དམར་ནག་གཏོང་བ་དཀའ་ལ་ཉུང་། །
དེ་ལ་གི་ཝཾ་དགུ་པ་སྦེར། །
མཆིན་རྩ་རུང་ཐུང་ལག་ལེབ་གཏར། །
གྲི་ཐོག་གཡས་གཡོན་གཉིས་ཀ་རུ། །
མི་བཙའ་བསྒྲིགས་མ་བཞི་བཞི་བསྲེག །
གློ་ལ་བརྟག་པས་དམར་འཛམ་གཉིས། །
ནད་མེད་པ་ཡི་གློ་མདོག་ཡིན། །
སྐམ་ལ་སྐྱོང་ན་ཚ་བའི་ནད། །
གྲང་ཞིང་བརློན་ན་གྲང་ནད་ཡིན། །
གློ་ལ་དམར་ནག་རྒྱས་གྱུར་ན། །
སྐྱོ་སྙིང་མཆིན་པ་དུག་ཚད་རྒྱས། །

ཁྱད་པར་དུག་རིགས་གང་ཡིན་ཡང་།།
དེ་བཞིན་ལྷེ་ལ་དྲི་མ་སྨོམས།།

ཞེས་རྣ་དཔྱད་མཐོང་བ་ཀུན་གསལ་མེ་ལོང་ལས། མཐོང་བ་ཆུ་དང་ལྷེ་ལ་བརྟག་པའི་ལེའུ་སྟེ་དགུ་པའོ། །

༣ མིག་ལ་བརྟག་ཐབས།

མིག་གི་མེ་ཏོག་བརྟག་པ་ལ།།
མིག་རྩ་གྲུང་ལ་མིག་སྤྲིན་དྭངས།།
མིག་འབྲས་ནག་ན་ནད་མེད་ཡིན།།
མིག་སྤྲིན་དམར་ཞིང་འབྲས་བུ་སེར།།
མིག་ཆུ་ཟགས་ན་སྙིང་གི་ནད།།
མིག་རྩ་མི་གྲུང་མིག་སྤྲིན་དམར།།
མིག་འབྲས་སེར་ནག་དུ་བའི་མདོག།
གློ་བ་དག་ལ་ནད་ཡོད་རྟགས།།
མིག་ནི་དམར་ལ་འབྲས་བུ་སྐྱོ།།
ཤ་འཛེར་སྐྱེ་ཞིང་མིག་ཆུ་འཛག།
མཆིན་པ་དག་ལ་ནད་ཡོད་རྟགས།།
མིག་ཤེད་ཆུང་ལ་འབྲས་བུ་སྐྱོ།།
ཟ་བར་མི་འགྲུས་ལྟོ་བ་སྟོས།།
དེ་ནི་ཕོ་མཆེར་མི་བདེའི་རྟགས།།
མིག་ནི་ལོང་དུ་གྲོས་པ་དང་།།

མིག་སྤྲིན་དཀར་ལ་འབྲས་བུ་སྨོ།།
མཁལ་མ་དག་ལ་ནད་ཡོད་རྟགས།།
མིག་རྩ་སེར་ལ་མིག་སྤྲིན་སྨུག།
མིག་འབྲས་སྟེང་དུ་དུ་བ་འདྲེ།།
རི་མོ་འཆར་ན་བཅོས་མེད་འཆི།།
མིག་ཁྲག་རིང་ཞིང་མགོ་འཕང་མཐོ།།
མིག་རྩ་དམར་ཞིང་འགྲོགས་པ་ན།།
དེ་ནི་གདོན་གྱི་གཟིར་བའི་ནད།།

ཞེས་རྟ་དཔྱད་མཐོང་བ་ཀུན་གསལ་མེ་ལོང་ལས། དབང་པོ་མིག་ལ་བརྟག་པའི་ལེའུ་སྟེ་བཅུ་པའོ། །

༩ སྤུ་གྲ་བརྟག་ཐབས།

ད་ནི་སྤུ་ཡི་མེ་ལོང་བསྟན།།
དཔྱར་གྱི་སྤུ་ནི་འཇམ་ལ་ཐུང་།།
སྟོན་གྱི་སྤུ་ནི་ཐུང་ལ་གྲུང་།།
དགུན་སྤུ་རིང་ལ་སྤུ་གྲ་བྱུང་།།
དཔྱིད་སྤུ་རིང་ལ་སྤུ་གྲ་མེད།།
དེ་དག་དུས་བཞིའི་ནད་མེད་སྤུ།།
སྟོད་སྤུ་ལོག་ཅིང་རྫི་མ་འཁྲུགས།།
ངོ་ཚུགས་ནག་ཅིང་མཛིང་མི་གུག།
སྙིང་ལ་ནད་ཞུགས་སྤུ་གྲ་ཡིན།།

སྟོད་ཀྱི་རྩིབ་ལོགས་གཡས་གཡོན་ལ། །
གྲུ་མ་རླུང་གིས་བསྐྱོད་པ་འདྲ། །
སྣ་སྦྲ་བུད་ཅིང་ལུད་པ་མང་། །
གློ་བ་དག་ལ་ནད་ཡོད་པས། །
གློ་རྩ་གཏར་ཞིང་གློ་སྨན་གཏོང་། །
སྤུ་ནི་རིང་ཕྱུང་ཡོད་པ་དང་། །
ཨ་ལོང་གྱིལ་ཞིང་ངོ་ཚུགས་ནག །
ཤ་ལྤགས་འཐམ་ན་མཆིན་པའི་ནད། །
སྤུ་ནི་རིང་ཕྱུང་ཡོད་པ་དང་། །
ཁོག་པ་འཁྱིག་ཅིང་ཕོ་བ་སྟོས། །
ཕོ་བ་མཆེར་པ་མི་བདེའི་ནད། །
སྐད་སྤུ་ལོག་ཅིང་ཁོག་པ་འཁྱིག །
ཟ་མི་རེམ་ནི་མཁལ་མའི་ནད། །

ཅེས་རྟ་དཔྱད་མཐོང་བ་ཀུན་གསལ་མེ་ལོང་ལས། སྤུ་གྲ་བརྟག་པའི་ལེའུ་སྟེ་བཅུ་གཅིག་པའོ། །

༥ སྤྱི་འཇོམས་རྒྱལ་པོ་སྟེ་བཞི་བསྟན་པ།

དེ་ལྟར་ལེགས་པར་བརྟག་བྱས་ནས། །
གསོ་བའི་ལས་ལ་འཇུག་པར་བྱ། །
དང་པོ་ནད་ཅན་གསོ་བ་ལ། །
སྤྱི་དང་བྱེ་བྲག་རྣམ་པ་གཉིས། །

ཕྱིར་ནི་དོན་སྙོད་ནད་རྣམས་ལ།།
བཟང་པོ་དྲུག་གི་སྦྱོར་བས་གསོ།།
གམ་འཁྲུགས་འགྲམས་ཚད་ནད་རིགས་ཀུན།།
གཙོ་བོ་བརྒྱད་ཀྱི་སྦྱོར་བས་གསོ།།
གཉན་འབྲས་ཁྲུང་ལྷའི་སྦྱོར་བས་གསོ།།
མ་ཞུ་གྲང་ཡོང་ནད་རིགས་ཀུན།།
དཀར་པོ་དྲུག་གི་སྦྱོར་བས་གསོ།།
དང་པོ་བཟང་དྲུག་སྦྱར་བ་ནི།།
གློ་བའི་ནད་ལ་ཅུ་གང་བཟང་།།
མཆིན་པའི་ནད་ལ་གུར་གུམ་བཟང་།།
སྲོག་རྩའི་ནད་ལ་ལི་ཤི་བཟང་།།
འདི་གསུམ་བསིལ་གསུམ་ཞེས་སུ་གྲགས།།
སྙིང་གི་ནད་ལ་ཛཱ་ཏི་བཟང་།།
མཁལ་མའི་ནད་ལ་སུག་སྨེལ་བཟང་།།
ཕོ་མཆེར་ནད་ལ་ཀོ་ལ་བཟང་།།
འདི་གསུམ་དྲོད་ཀྱི་བཟང་པོ་གསུམ།།
ཀུན་དྲིལ་བཟང་པོ་དྲུག་ཏུ་གྲགས།།
བཟང་པོ་དྲུག་ལ་ཐུན་པོ་གསུམ།།
ཛཱ་ཏི་ལི་ཤིས་རླུང་ནད་སེལ།།
ཅུ་གང་གུར་གུམ་མཁྲིས་ཚད་སེལ།།
སུག་སྨེལ་ཀོ་ལས་བད་ཀན་སེལ།།
གཉིས་གཉིས་ཐུན་གསུམ་བཟང་པོ་དྲུག།

གཞིར་བཞག་ཨ་གར་ཤིང་ཀུན་སྡེབས། །
སྙིང་གི་ནད་རྣམས་སེལ་བར་བྱེད། །
སྲོ་ལོ་རྒུན་འབྲུམ་གློ་ནད་སེལ། །
གི་ཝཾ་བྲག་ཞུན་མཆིན་ནད་སེལ། །
གསེར་མེ་དོམ་མཁྲིས་མཁྲིས་ནད་སེལ། །
སེ་འབྲུ་ཤིང་ཚ་པི་ལིང་སྡེབས། །
ཕོ་མཆེར་ནད་རིགས་ཐམས་ཅད་སེལ། །
གཙང་རྒོད་སྡེབས་པས་ཡོང་ནད་སེལ། །
སྨན་འབྲས་སྡེབས་པའི་སྨན་ནད་སེལ། །
རྒྱ་ཚུམ་སྡིག་སྲིན་ལྷང་ནད་སེལ། །
དེ་སོགས་ལུང་རིག་འཕྲུལ་འཁོར་སྐོར། །
བཟང་དྲུག་སྨན་གྱི་སྡེ་ཚན་ནོ། །
གཙོ་བོ་བརྒྱད་ཀྱི་སྦྱོར་བ་ལ། །
ཙན་དན་གི་ཝཾ་བསིལ་གྱི་གཙོ། །
ཙུ་གང་གུར་གུམ་རྩེ་སྨན་གཙོ། །
ཏིག་ཏ་བ་ཤ་ཐང་གི་གཙོ། །
ཧོང་ལེན་བོང་དཀར་སྦྱོ་སྨན་གཙོ། །
དེ་ནི་གཙོ་བོ་བརྒྱད་དུ་གྲགས། །
ཕྱི་ནང་གམ་འཁྲུགས་ཁྲག་མཁྲིས་རིམས། །
ཚ་བ་གསར་རྙིང་མ་ལུས་སེལ། །

གམ་འབྲུགས་འགྲམས་འབྲུགས་སྟོབས་ཆེ་ལ།
ག་བུར་དང་ནི་སླ་སྟེ་སྦྱར། །
ཆོས་གསུམ་ཁྲུ་བས་ཕྱུལ་ནས་གཏོང་། །
འདི་ཡིས་མི་སེལ་ཚད་ནད་མེད། །
བྱ་ཁྲུང་རྣམ་ལྔའི་སྦྱོར་བ་ནི། །
ཨ་རུ་སྲང་གང་ཤ་ཡི་ཁྲུང་། །
རུ་ཏ་ཞོ་གསུམ་རུས་པའི་ཁྲུང་། །
ཤུ་དག་ཞོ་དོ་རྒྱུས་པའི་ཁྲུང་། །
སྨན་ཆེན་ཞོ་ལྔ་སྙིང་གི་ཁྲུང་། །
སླ་སྟེ་ཞོ་བཞི་ཁྲག་གི་ཁྲུང་། །
དེ་ལ་ཁྲུང་ལྔ་ཞེས་སུ་གྲགས། །
གཉན་རིམས་འབྲས་ཐོལ་གག་ལྷོག་རིགས། །
ནད་གདོན་ཕལ་ཆེར་འདི་ཡིས་འཇོམས། །
དེ་སྟེང་གུ་གུལ་དཀར་ནག་གཉིས། །
སོ་ར་ཐལ་ཇོར་སྦྱར་བ་ཡིས། །
ཆུ་སེར་ཚ་བའི་ནད་ཀུན་སེལ། །
རུ་རྟ་སྨུ་ཟི་སྦྱར་བ་ཡིས། །
ཕྱི་ནང་འབྲས་རིགས་མཐའ་དག་སེལ། །
བྱི་ཏང་ག་དང་ཆིག་ཐུབ་སྦྱེབས། །
གཉན་སྲིན་སྐྲང་ཐབས་ཚ་གྲང་སེལ། །

ཀྲུ་ཙྪ་ལྗོང་རོས་བསྐྱེབས་པ་ཡིས། །

སྐད་འགགས་གག་པའི་རིགས་རྣམས་སེལ། །

དཀར་པོ་དྲུག་གི་སྦྱོར་བ་ནི། །

མ་ནུ་ སྨ་སྐྱུ་ཨ་རུ་ར། །

ལྕུམ་དཀར་རྩ་བ་ཙོང་ཞི་བུལ། །

སྦྱོར་ཚད་གོང་མ་ཆ་གཅིག་ལ། །

རིམ་བཞིན་དྲུག་གི་བར་དུ་སྐྱེད། །

མ་ཉུ་སླང་ཐབས་སྦོས་གཟེར་དུག །

སྣ་བུག་གྲང་ཞིང་འདྲི་ལྗོག་ཉལ། །

རྩ་སོགས་གྲང་དུག་ཀུན་ལས་གྲོལ། །

དེ་སྟེང་སྟར་བུ་ཀྲུ་ཙྪ་སྦྱར། །

བཙན་དུག་ལ་སོགས་དུག་རིགས་འཇོམས། །

ཞེས་ཏྲ་དཔྱད་མཐོང་བ་ཀུན་གསལ་མེ་ལོང་ལས། སྤྱི་འཇོམས་རྒྱལ་པོའི་སྦྱོ་བཞི་བསྟན་པའི་ལེའུ་སྟེ་བཅུ་གཉིས་པའོ། །

༨ བྱི་བྲག་གམ་བཅོས་བསྟན་པ།

དེ་ནས་བྱེ་བྲག་བརྟག་བཅོས་ལ། །

གམ་འབྲུགས་ཆམ་པ་འགྲམས་ལྐོག་རྗོ། །

ལ་བ་འཐོམ་འཕེང་བབས་ཆག་གྲུམ། །

འབྲས་ཐོལ་གག་དང་དུག་རིགས་སྲིན། །

སྨུར་པོ་ལ་སོགས་ནད་རིགས་ཀུན། །

ལུས་ཀྱི་གནས་དང་སྦྱར་བ་དང་།།
གཞན་ཡང་ཐོར་བུའི་ནད་རིགས་ཀུན།།
ཏ་ནད་སུམ་བརྒྱ་དྲུག་ཅུ་ཡང་།།
ཕལ་ཆེར་གམ་འབྲུགས་གཉིས་ལས་བྱུང་།།
དེ་ཡི་རྒྱུ་ནི་ལུས་བྲུངས་ཀྱི།།
གྲུབ་ཆ་ཁྲག་མཁྲིས་འབྲུགས་པ་དང་།།
ཚུ་སེར་ནད་དུ་གྱུར་པ་འོ།།
རྐྱེན་ནི་དལ་བུར་བསྐྱོད་པའི་ཏྲ།།
མ་སྦྱོང་བཙན་ཐབས་བཞོན་ཁལ་བྱས།།
དྲག་ཤུལ་ཐག་རིང་བཤར་བ་ལ།།
གམ་རྩ་མ་གཏར་ནད་ཞུགས་གྱུར།།
དབྱེ་བ་ཕྱི་གམ་ནང་གམ་གཉིས།།
ཕྱི་གམ་སྟོད་གམ་སྨད་གམ་དང་།།
ལུས་བྱིངས་གམ་དང་གསུམ་ཡིན་ནོ།།
ནང་གི་གློ་སྙིང་མཆིན་པ་ཡོང་།།
བར་གྱི་ཤ་རུས་གླད་པ་འོ།།
དེ་ལ་སྐྱི་དང་བྱེ་བྲག་གཉིས།།
སྐྱི་རྟགས་མིག་དམར་སྣ་ཁྲག་འཛག།
མཐིང་པ་རེངས་ཤིང་ཕྱུར་མི་འཕེར།།
དབུགས་ཕྱུང་ཁ་ཧླངས་ཚ་ཞིང་རྩུབ།།

ཞི་འཕྲུན་བྱེད་ཅིང་ལག་པ་རེངས།།
ཤ་ལུས་སྐམ་ཞིང་འདར་བ་བྱུང་།།
གཞན་ཡང་གམ་རྩ་དྲག་ཏུ་རྒྱུས།།
མཁལ་རྩ་འཕར་དང་སྦྲོམ་པར་འགྲོ།།
ལ་ཏུ་འགྲོ་ན་ལུས་སྟོད་ཀྱིས།།
ཁོག་སྨད་སྒྲིང་བར་དཀའ་བ་ཡིན།།
བཙོས་ཐབས་ག་བུར་ཉི་ཤུ་ལྔ།།
ཚོས་གསུམ་ཁྲུ་བས་ཕུལ་ནས་གཏོང་།།
ཡང་ན་ཙུ་གུར་སླ་རྩི་དང་།།
ཏུ་ཧ་བ་ལི་བ་ཤ་ཀ །
ཙན་དན་ག་བུར་ཆུ་གྲང་ཕུལ།།
སྣ་རྩ་ཐོང་རྩ་ཏུ་ཐུང་རྩ།།
ལོང་རྩ་ཟ་ལིབ་རྩ་ཆེན་སོགས།།
གམ་བཞི་འདྲེན་ཞིང་ཆུ་བཤན་བྱ།།
ཟས་སྐོམ་ལན་ཚ་སྨུམ་བཙུད་སྦྱོངས།།
སྐོམ་ནི་ཐོ་རངས་སྐར་ཆུ་བླུད།།
དེ་ཡིས་ཕན་པར་འགྱུར་བ་ཡིན།།
བྱེ་བྲག་སྟོད་གམ་ཆུ་བཤན་བྱེད།།
འབྲས་གསུམ་ཐང་སྐྱེར་གམ་རྩ་གཏར།།
སྨད་ལ་མཇུག་རྩ་གཏར་བ་དང་།།

གམ་བཞི་འདྲིན་ཞིང་ཆུ་བཤན་བྱེད།།
ལུས་བྱིངས་གམ་ན་འགྲོ་མ་ཤེས།།
མཛིང་པ་རེངས་ཤིང་གྲུང་བ་ཡོང་།།
གམ་བཞི་འདྲིན་ཞིང་ཆུ་བཤན་བྱེད།།
གསང་ཆེན་བཞི་ཡང་འདྲིན་པར་བྱེད།།
དུས་པར་གམ་ན་ཚོགས་པའི་སྐབས།།
ཡན་ལག་བཞི་པོ་བསྐྱོགས་པ་འདྲ།།
རྩྭ་དང་ཆུ་ལ་དུང་བ་མེད།།
དེ་ལ་གསོ་བརྒྱུད་ཆུ་གྲང་ཕུལ།།
འདར་འདོན་ཙམ་མམ་བཙུད་ཀྱིས་གསོ།།
སྐབས་པ་གར་བྱུང་ཆུ་སེར་འདོན།།
བདུད་རྩི་གསུམ་གྱི་ལམ་དུ་ཞུགས།།
ཡང་ན་སྨན་མཆོག་བཟང་དྲུག་དང་།།
ཙན་དན་ཨུཏྤལ་མ་ནུ་ཏོ།།
འབྲས་གསུམ་སྤྱི་ཞུར་ཐང་ཁུས་ཕུལ།།
ཤ་གམ་གྱུར་ན་ཁྲིད་ཁ་ཀླི།།
ཉ་རྣམས་སྐབས་ན་གསོས་སྐྱེད་མེད།།
དེ་ལ་བསིལ་བའི་ཙན་དན་དཀར།།
བ་ཤ་ག་དུར་ཨ་རུ་གཏོང་།།
ཡང་ན་དཔའ་དྲུག་གསུམ་གྱུར་ཐུན།།

གར་ཆང་སྦྱར་གཏོང་ཁེབས་རྡོད་བཀབ། །
རྟལ་འདོན་གམ་རྩ་ཛ་རྩ་གཏར། །
སྐྲངས་ན་མེས་གཙོན་རྣག་ན་ཕྱུག །
ཞེང་སྣའི་རྡུད་པ་བདུག་པས་ཕན། །
པགས་པ་གམ་ན་པགས་པ་འཐམ། །
སྤུ་བྲ་ཡོག་ཅིང་སྤུ་མི་འགྱུར། །
སྤུ་ནི་ཁེད་པ་ཆད་པ་འོ། །
དེ་ལ་དོམ་མཁྲིས་ཆུ་སྦྱར་གཏོང་། །
ལྕེ་བཀུག་མཆིན་རྩ་གཡས་གཡོན་གཏར། །
དབྱར་དུས་ཡིན་ན་སྦོ་འབྲུ་བྱ། །
ཁྲག་གི་རྟགས་སུ་འགྲོ་མི་ཤེས། །
གྱེན་ལ་མི་འགྲོ་ཐུར་མི་བབས། །
ཐོང་རྩ་གཏར་ཞིང་གཙོ་བརྒྱུད་སྟེར། །
རྩ་ཆེན་བཞི་དང་རྣ་ཁ་བཞི། །
གདོང་རྩ་སྤྱན་གསུམ་གཏར་བར་བྱ། །
ལྐད་པ་གམ་ན་ཁ་སྣ་སྐམ། །
གདགས་པར་མི་འདོད་མཐུར་མདའ་གཙོད། །
བྲིས་ལ་ཚངས་ཞིང་སོ་ཁྲ་བྱེད། །
དེ་ལ་སྨུམ་རིགས་མར་ཁུ་དང་། །
ཁྱུང་ལྔ་སྤང་རྒྱི་སྦྱར་ལ་སྟེར། །

སྨ་བྲུན་སྦྱར་ཞིང་གསོ་དྲག་བྱེད།།
སྐྱི་བོའི་རྩེ་ཡི་ཙོག་ཙོག་ནས།།
དཔྲལ་དབར་མཐོ་གང་སོར་གང་འཇལ།།
མིག་གི་མས་མཚམས་སྤུབ་ཁབ་རྒྱབ།།
མཁྲིད་གང་གཏར་ཤུལ་མར་གྱིས་བཀང་།།
ཆག་སྦྲིན་སྣ་ཁྲག་རང་ལ་སྦྲིན།།
སྙིང་གམ་ཏལ་ནས་འགྲོ་མི་ཐུབ།།
ཞོགས་ཆུར་བསྐྱུག་ཅིང་ཁྲིད་པར་དུ།།
སྙིང་ཁར་ཆུ་སྣས་ཆུ་བཅག་རྒྱབ།།
སྒྲོ་བར་གམ་ན་སྒྲོ་མང་ལུ།།
སྒྲོ་ཁྲིམ་གཡས་གཡོན་ཆུ་མདའ་རྒྱབ།།
ཙན་དན་བརྒྱད་པ་འཁོར་ན་མཆོག།
མ་གྲུབ་སྲོ་ལོའི་ཐང་སྦྲིན་ཕན།།
དབུགས་གམ་དབུགས་གཟེར་མ་ཐོན་པས།།
དེ་ལ་སྣ་ནང་འབྲིང་ལྕག་བཙུག།
མཆིན་པ་གམ་ན་ཪྗེ་རྩུལ་ནག།
མིག་ཆུ་འོང་ཞིང་བཙུམ་མི་ཤེས།།
རུ་ཐུང་གཉིས་པོ་གཏར་བར་བྱ།།
གི་དགུ་གུར་གུམ་གྲོ་ཆང་སྐྱེར།།
ཚིལ་གམ་སྤུ་ནི་ལོག་པ་དང་།།

ཤ་སྐྱོང་འདྲེ་ཕྱོག་སྨྲུག་མི་ཤེས། །
ལྷམ་པའི་དུ་བ་བདུག་པ་དང་། །
ལུས་ནི་ཚང་གིས་བཀྲུ་བྱ་ལ། །
ཆུ་བཤན་གཏར་ག་ཡང་ཡང་བྱེད། །
རྟ་ནི་ཉལ་ལངས་མི་ཤེས་ཤིང་། །
ཐུར་ལ་མི་བབ་གོམ་པ་འཁྱོར། །
བཟང་དྲུག་ཆུ་སེར་སྨན་གསུམ་གཏོང་། །
ཡོང་གམ་སྤྱོས་ལ་ཁྲག་ཐིག་འོང་། །
དེ་ལ་བཟང་དྲུག་བསིལ་བཞི་གཏོང་། །
ཨོལ་མ་འགག་ན་གྲེ་བ་ངར། །
ཁ་ནས་སྣོ་ལུ་ཆུ་འཛག་ཅིང་། །
སྨྱུག་ཚལ་བྱེད་ལ་ཏག་ཏག་ཟེར། །
འོམ་བུ་གདུས་པའི་ཁུ་བ་ལ། །
ཨ་རུ་སླ་རྩི་སྦྱར་ལ་གཏོང་། །
ཤིང་སྣའི་དུད་པས་སྣ་ཆུ་འདོན། །
ནད་གཞི་ཆེ་བར་གྱུར་པ་ན། །
སྨན་ཐུན་ཆེ་ལ་སྦྱར་བར་གཏོང་། །
སྐྲངས་པ་མེས་གནོན་ཁྲག་རྣག་འདྲེན། །
གམ་ཁྲག་ཀུན་ལ་སྙིང་རྩ་གཏར། །
གམ་ནད་ཡུན་རིང་སོང་བ་ན། །

གཉོགས་གཡོན་སྨད་ནས་ཡར་བརྩིས་པའི། །
རྒྱུན་དུ་དཔལ་རྩིབ་གསུམ་པའི་བར། །
གམ་ཁྲུང་སྐབས་འགར་བཞི་པའི་བར། །
བྱུང་ལ་སྐལ་པ་ནས་སོར་ལྔ། །
གཞལ་བའི་བར་གྱི་པགས་པ་ལ། །
ནང་གི་ཐོད་ཤ་ཡོགས་གཉིས་ཕུག །
བཟང་འཐམ་བྱུང་ནས་བཙོས་ཐབས་ནི། །
ཤ་ཁྲག་ཏུས་གམ་གང་ཡིན་ཡང་། །
སོག་རྩེར་ཚུགས་ནི་གསུམ་སྒྲིམ་རྒྱབ། །
དེ་ཡང་སྙིང་གཉིས་སྦོ་ཚུགས་བྱ། །
དེ་ནས་སྐལ་རྒྱུད་སོར་ལྔ་རེའི། །
མཚམས་སུ་ཚུགས་རེ་བརྒྱབ་ནས་ཚུགས། །
བདུན་བྱུང་དང་པོ་ཚུགས་ཀྲུང་དང་། །
གཉིས་པ་སྦོ་ཚུགས་རེས་མོས་བྱེད། །
ཕུག་བཞིའི་རྣ་མཚམས་ཚུགས་རེ་རེ། །
རྩ་དཀར་རྩ་གཞུང་སྙིང་ཚུགས་གསུམ། །
གཞན་ནི་དཔྲལ་འཛོམས་ཛ་མ་དང་། །
ཕོ་རོག་ཚིགས་རྣམས་མ་གཏོགས་པས། །
དེ་མིན་ཚུགས་གསང་ལ་གང་བཞིན། །
གཏར་ལ་ཤ་གམ་ཕོག་སྟོད་ཀྱི། །

མི་བརྟན་དེ་དུས་ལག་ལེབ་གདར།།
ཏུས་གམ་རྐེད་པས་མི་བཟུང་བས།།
མཆེར་ཁུང་རྐྱེབ་ལ་ཁྲག་གམ་ན།།
ལོང་འཁྲོག་བྱུང་བས་སློ་རྩ་རྐྱེབ།།
རྐང་ལག་ལ་བབས་གང་ཉིད་གདར།།
ཀུན་ལ་གམ་ཁུང་བརྒྱབ་ན་ཕན།།
སྨན་ནི་རྩ་བ་བརྒྱད་པ་ལ།།
ཐུན་ལོག་ཛྙ་ཧི་བཞི་ཚ་སྐྱེད།།
ཨ་རུ་གུར་ཀུམ་ཐང་འཕྲོམ་དང་།།
མཁལ་ཚོ་བྲག་ཞུན་གྱི་ཤིཾ་དང་།།
ཙུ་གང་ངང་པ་སེར་སྣང་དང་།།
སྣ་སྐྱ་གཟི་མ་ར་མགོ་རྣམས།།
ཚ་སློམས་སྦྱར་བ་ཡོང་དུ་གཏོང་།།
རྡ་ཡི་མཛིང་པ་སླང་ནས་ནི།།
དགེ་སྐྱུར་མི་ཤེས་བཟའ་མི་འཕེར།།
གམ་ནད་མཛིང་པར་བབས་པ་ཡིན།།
མཛིང་པ་ལག་པའི་སྒྲོག་མཚམས་སུ།།
མེ་བཙའ་གཉིས་གཉིས་གདབ་པར་བྱ།།
སྐྲངས་མཚམས་རྣམས་སུ་མེ་བཙའ་བཏབ།།
ལོང་རྩ་མིན་པར་གཏར་བར་བྱ།།

ཞེས་ རྟ་ དཔྱད་ མཐོང་ བ་ ཀུན་ གསལ་ མེ་ ལོང་ ལས། གམ་ པ་ བཅོས་ པའི་ ལེའུ་ སྟེ་ བཅུ་ གསུམ་ པའོ། །

༧ འབྲུགས་རིགས་བཅོས་ཐབས།

དེ་ ནས་ འབྲུགས་ པའི་ བརྟག་ བཅོས་ ནི། །
ཁལ་ ཆེན་ བཀལ་ ལམ་ རྒྱུག་ འདུར་ བཤད། །
མཆོང་ རྒྱུག་ ཚོང་ བཀལ་ ཡུན་ རིང་ བྱས། །
ངལ་ བ་ དང་ ནི་ དུབ་ པ་ དང་། །
ཁྲག་ འབྲུགས་ ཚུ་ སེར་ ནད་ ཞུགས་ པས། །
ལུས་ ཤ་ སྐམ་ ཞིང་ ཁྲག་ རྩ་ རྒྱས། །
དབུགས་ སྣ་ ཐུང་ ཞིང་ རྩིབ་ ཚུང་ རྗེབ། །
རྫི་ མ་ ལ་ སོགས་ སྤུ་ གྲ་ ཟིངས། །
ཐུར་ ལ་ མི་ འཕེར་ རྒྱུག་ ན་ ཞན། །
སྣ་ ནས་ ཁྲག་ རྣག་ ཚུ་ སེར་ བབས། །
བཅོས་ ཐབས་ གསར་ དུས་ འབྲས་ གསུམ་ དང་། །
ཚོས་ བཙོད་ ཞུ་ མཁན་ གྲང་ ཐང་ སྟེར། །
རྙིང་ ན་ བཟང་ དྲུག་ ཧོང་ ལེན་ དང་། །
ཨ་ བར་ སྨྱུར་ གསུམ་ ཨུཏྤལ་ སྔོ། །
ཨ་ གྲོང་ སྲི་ མོང་ བྲག་ ཞུན་ ཕྱེད། །
སྤྲང་ རྩི་ སྦྱར་ ལ་ ཁོག་ པར་ གཏོང་། །
ཡང་ ན་ ཙན་ དན་ ག་ བུར་ དང་། །

བསིལ་གསུམ་གི་ལྷོཾ་རྫོང་ལེན་སྡེར།།
ཡང་ན་ཙན་དན་གི་ལྷོཾ་དང་།།
གུར་གུམ་རྫོང་ལེན་ཆུ་སྦྱུར་གཏོང་།།
རྩ་ཆེན་གཉིས་དང་ལག་ལེབ་གཏར།།
སྣ་སྒྲ་ཙུང་ཞིག་གྲགས་སུ་སོང་།།
འབྲས་གསུམ་ཐང་གཏོང་ཁྲག་རྣམས་གཏར།།
མེ་བཙས་གཟེར་བཞི་བསྣུམ་པར་བྱ།།
ནད་དེ་སྙིང་ལ་བབས་པ་ན།།
གྲོད་སྟོད་འདར་ཞིང་འཁྱོམ་པ་དང་།།
ངོ་ཚུགས་ནག་ཅིང་ལྕེ་སྐམ་ཀྱོང་།།
དབུགས་སྣ་ཐུང་ཞིང་མཐུག་མ་འཚུབ།།
ཙྫ་དང་ཆུ་ལ་མི་དད་ན།།
ཧྲྀ་ཏི་ཙ་ཏ་སྙིང་ཞོ་ཤ།
ཙུ་གང་ཨུཏྤལ་ཨ་རུ་ར།།
ཛཱ་ཏི་ལི་ཤི་ཙན་དན་དཀར།།
ཁོག་ཏུ་བཏང་ཞིང་རྩ་ཆེན་དང་།།
ཐོང་རྩ་རྣམས་ནི་གཏར་བར་བྱ།།
གུ་ཁུག་སྙིང་གསང་མེ་བཙའ་བྱ།།
སྤྱི་བར་ནད་ཞུགས་དབུགས་སྣ་ཐུང་།།
སྤྱི་ནི་སུབ་ཅིང་དམ་པ་འོ།།

དབུགས་རྐྱོད་ཕྱིའུ་སྤར་འཆང་འདྲ།།
བཅོས་ཐབས་ཅན་དན་བསིལ་གསུམ་དང་།།
ཤིང་མངར་སྲོ་ལོ་རྒྱུན་འབྲུམ་དང་།།
ཙ་ཧ་ག་ར་ལི་ག་དུར།།
སྤྲང་རྩི་དང་སྦྱར་ཕོང་དུ་གཏོང་།།
སྒྲོ་རྩ་བྱ་ཙུ་རྩེ་རྣམས་གཏར།།
སྒྲོ་གསང་མེ་བཙས་སྐབས་དང་སྦྱར།།
ནད་ནི་མཆེར་པར་བབས་གྱུར་ན།།
ལུས་པོ་སྐྱོང་ཞིང་འཁུན་པ་དང་།།
མ་མཆུ་འཕྲུང་ནས་བཙུམ་མི་ཤེས།།
ལྷག་པར་གཞོགས་གཡོན་སྦོས་པ་འོང་།།
བཅོས་ཐབས་གི་ཤུཾ་ག་ཀོ་ལ།།
སུག་སྨེལ་སྤང་སྤོས་ན྄་གེ་སར།།
གསེར་གྱི་མེ་ཏོག་ཀར་སྦྱར་གཏོང་།།
གཞོགས་གཡོན་དལ་རྩིབ་གཉིས་པ་ལ།།
སྐལ་ཚིགས་ནས་ནི་སོར་བཞི་འཇལ།།
མཆེར་སྙིང་མེ་བཙའ་བཞི་སྒྲོམ་རྒྱབ།།
མཆེར་རྩ་གཉིས་དང་ཡོང་རྩ་གཏར།།
དལ་བུལ་ཆག་རན་དུས་སུ་བྱ།།
མཁལ་མར་བབས་ན་ཕོག་སྐྱད་འཁྱོམ།།

སྨད་ཤ་སྐམ་ཞིང་ཆང་པ་བྲུད།།
མཁལ་མ་ཞོ་ཤ་བྲག་ཞུན་དང་།།
པི་ཝང་ཚོས་གསུམ་ཐང་གིས་ཕུལ།།
རྒྱུ་ཡོང་ལ་བབས་སྦྲངས་མི་ཐོན།།
ཡང་ན་སྦྲངས་སྐམ་ཁྲག་ཚོགས་བྱུང་།།
སྣ་ཡོ་བཙོད་དང་ལི་ག་དུར།།
ཁོང་གཏོང་ཡོང་རྩ་གཡས་གཡོན་གཏར།།
སྟོད་དུ་འབྲུགས་ཆེན་ཞུགས་གྱུར་ན།།
སྣ་ཏུ་མིག་ཏུ་ཨོག་རྩན་གསུམ།།
དེ་གསུམ་འབྲུགས་ཀྱི་མེ་ཏོག་ཡིན།།
ཨོག་རྩེན་འདོན་མི་དགོས་པའི་ཐབས།།
ཁུབ་ཀྱི་འབུར་རྟགས་རྒྱ་གྲམ་སྲིགས།།
ཛ་མའི་ཚོགས་ཀྱི་འོག་མ་ལ།།
གསེར་མདོག་ཐོན་ཙམ་རྒྱ་གྲམ་སྲིགས།།
དེ་རྣམས་སྟོད་འབྲུགས་ཡོག་གནོན་ཟབ།།
བརྣ་ཡི་ཕྱི་ཟུར་གཡས་གཡོན་ལ།།
མེ་བཙའ་གསུམ་གསུམ་བྱེད་པ་དང་།།
ཛ་མ་སྐྱེས་ནས་ཕྲུག་གང་སར།།
དེ་དང་དེ་ནས་སོར་གསུམ་སྤར།།
མེ་བཙའ་རེ་རེ་བསྲེག་པ་དང་།།

ཛ་རྩ་གསུམ་པོ་གང་འོས་གདར།།

སྨད་འཁྲུགས་ཡོག་གཙོན་ཟུར་དུ་ཞེས།།

ཡང་གཅིག་འཁྲུགས་སྐྱི་བརྟག་པའི་ཐབས།།

ཏན་ཐོག་འཁྲུགས་རྩ་རྒྱུས་ན་ཡི།།

དེ་ལ་ཚ་འཁྲུགས་གྲང་འཁྲུགས་གཉིས།།

ཚ་འཁྲུགས་ཁྲག་རྩ་རྒྱུས་པ་དང་།།

གྲང་འཁྲུགས་གྲང་བ་ལྷང་པ་འོ།།

དེ་ལ་བཅོས་ནི་ལག་ལེབ་གདར།།

མ་ཐུབ་སྐྱི་རྩ་གདར་བར་བྱ།།

སྐྱི་ནད་ཡོད་པའི་རྟགས་ལ་ནི།།

ཁ་བཀྲའི་སྐྱི་རྩ་སྦོམ་སེར་ཡོད།།

ཡང་ན་ཁ་བཀྲ་ཕྱིངས་ལ་ནི།།

སེར་མདངས་ཕྱུང་བ་ཁ་སྐྱིའི་སྨན།།

གཏྲ་ག་རི་ཕྲི་ཡང་ཀྱུ།།

ལུག་མུར་སྣ་ལོ་ཙུ་གང་དང་།།

ཨ་གྲོང་རྣམས་ནི་ཐུན་ཡོག་བྱ།།

ཨ་ཏུ་ཤ་ཤ་ཏེ་ལོའི་ཤ།

གསུམ་སྦྱར་བྱས་པ་ཁོང་ཏུ་གཏོང་།།

གྲང་འཁྲུགས་སྨན་ཡང་འབྲས་བུ་གསུམ།།

སེང་ཁྲོམ་ཛྙ་ཏི་མ་ནུ་དང་།།

གསེར་མེ་རུ་ཧྲ་བཅས་ཐུན་ཡོག།
མཁལ་ཚོ་དབང་ལག་བ་ཤ་ཀ།
ཉེ་ཤིང་ཤིང་མངར་སླ་རྩི་མཚལ།།
དོམ་མཁྲིས་ག་བུར་རྣམས་ནི་ཕྱེད།།
ཐོང་ང་དཀར་དམར་གསུམ་ཆ་སྦྱར།།
ཡང་གཅིག་འབྲུགས་ཀྱི་བཙོས་ཐབས་ནི།།
ག་བུར་ཙུ་གང་ལི་ཤི་དང་།།
རྒུན་འབྲུམ་སུག་སྨེལ་ཀ་ཀོ་ལ།
ཛཱ་ཏི་ཙནྡན་དཀར་དམར་དང་།།
སླ་རྩི་སྨེ་ཊིས་ཨ་ག་རུ།
སྲོ་ལོ་རྟིང་ལེན་པར་པ་ཧྲ།།
ཨུཏྤལ་སྔོན་པོ་བ་ཤ་ཀ།
འབྲས་བུ་གསུམ་གྱིས་ཐང་གིས་ཕུལ།
སྐྱོ་རྩ་ཐང་རྩ་གཏར་བར་བྱ།
བྱ་རུ་ཡོང་རྩ་གཏར་བ་དང་།།
རྩ་ཆེན་གཉིས་ཀྱང་རིམ་བཞིན་གཏར།།
ཆུ་བཤན་དང་ནི་ཆུ་བཅག་སྐྱོབ།།
ནད་ནི་དལ་པོར་བཙོས་པར་བྱ།
དེ་ཡིས་ཕན་པར་འགྱུར་ངེས་ཡིན།།
རུས་པ་ཆུ་སེར་འབྲུགས་པ་ནི།།

དྲག་ཤུལ་མཆོང་རྒྱུག་མང་ཅམ་བྱས། །
གདར་ག་མི་བཙའ་མ་བྱས་ན། །
ཁྲག་ནི་ཚུ་སེར་ལྟར་དུ་སོང་། །
ལུས་ཀྱི་མགོ་མཇུག་ཁྲབ་པ་ཡིན། །
ཁྲག་རྩ་དང་ནི་རྒྱས་པ་འོང་། །
ཤ་ལུས་ཐམས་ཅད་སྐམ་ནས་སོང་། །
དབུགས་ནི་ཐུང་ཞིང་རྩིབ་ཚུང་རྗེབ། །
ཕྱི་མ་གྲེན་དུ་ཟིངས་པ་དང་། །
ཐུར་ལ་མི་འཕེར་རྒྱུག་ན་ཞན། །
ཚུ་ནི་དམར་སེར་མིག་འཕང་ཆགས། །
དེ་ལ་བཅོས་ཀྱི་རིམ་པ་ནི། །
བཟང་པོ་དྲུག་དང་འབྲས་བུ་གསུམ། །
ཨུཏྤལ་སློ་ཧྲིས་བ་ལེ་ཀ །
ཀླུ་རྩི་སྲོ་ལོ་བ་ཤ་ཀ །
ཧོང་ལེན་སྤང་རྒྱན་དཀར་པོ་དང་། །
ག་ར་རྣམས་ནི་ཡུན་རིང་གཏོང་། །
དེ་རྗེས་ལུས་ནི་སྦྱང་བར་བྱ། །
སྣ་སྦྲ་སུབ་ཅིང་དྲག་ཏུ་སོང་། །
འབྲས་བུ་གསུམ་གྱི་ཐང་ནི་སྦྱེར། །
རྩ་ཕྲན་རྣམས་ནི་རིམ་བཞིན་གཏར། །

དེ་རྗེས་ཁྲག་རྩ་རྒྱས་སུ་འགྲོ།།
དེ་རྗེས་ཁྲག་རྣམས་སྦྱར་ནས་གཏར།།
ཁྲག་ནི་སྔར་ལས་མང་ཙམ་གཏར།།
མི་བཅས་གཟེར་བཞི་བསྐམ་པར་བྱ།།
གཟེར་གསང་ཐོང་རྩ་གཉིས་ཀྱང་འབྱེད།།
དེ་ཡིས་ཕན་པར་ཐེ་ཚོམ་མེད།།

ཅེས་རྟ་དཔྱད་མཐོང་བ་ཀུན་གསལ་མེ་ལོང་ལས། འབྲུགས་རིགས་བཅོས་པའི་ལེའུ་སྟེ་བཅུ་བཞི་པའོ།།

༤ རྟ་ཆམ་བཅོས་ཐབས།

ཅང་ཤེས་ཆམ་པ་བྱུང་བ་ན།།
རྩ་ནི་ཕྲ་གྲིམས་སྤྱན་ལ་རྦུབ།།
ཁ་སྦོམ་གཏིང་ནས་དྲག་པ་དང་།།
ཕྱི་ཡུལ་དག་ལ་བབས་པ་ན།།
སྒྲོ་མང་གོག་དཀའ་སྣ་ཆུ་འོང་།།
མཇིང་པ་རེངས་ཤིང་ཐུར་མི་འགྲོ།།
གསོ་ནི་ངན་ཞིང་གྲ་སྤུ་ལོག།
ཟས་ཆུ་གཉིས་ནི་མིད་པར་དཀའ།།
བཅོས་ཐབས་གི་ཤང་ཙུ་གང་དང་།།
ཨ་ཀྲོང་སྲིག་པ་ཙནྡན་དཀར།།
ཕྲུང་ལྔ་སྦྲུར་ལ་མང་དུ་གཏོང་།།

དལ་པོར་བཞག་ཅིང་སྐར་ཆུ་བླུད།།
ཟན་ཚག་བཙུད་ཅན་སྦྱུང་བར་བྱ།།
ཡང་ན་སྲོ་ལོ་ག་དུར་དང་།།
འཛིན་པ་སྤང་རྒྱན་དཀར་པོ་གཏོང་།།
མས་ཤོར་སྐད་འགག་སྙིང་ན་ན།།
ཁྱུང་ལྔ་གུར་གུམ་སྡིག་ནག་ཤ།
ཁྱི་མ་ཆུ་སྦྱར་སྣ་རུ་བླུད།།
སྐྲངས་ན་མེས་གནོན་རྣག་ན་ཕུག།
གག་པའི་བཅོས་ཐབས་མཐུན་པར་བྱ།།

ཞེས་རྟ་དཔྱད་མཐོང་བ་ཀུན་གསལ་མེ་ལོང་ལས། ཆམ་པ་བཅོས་པའི་ལེའུ་སྟེ་བཅོ་ལྔ་པའོ།།

༈ འགྲམས་རིགས་བཅོས་ཐབས།

དེ་ནས་འགྲམས་ནད་བརྟག་བཅོས་བཤད།།
རང་ཉི་འཁྱིལ་བུབ་སྤྲལ་འདྲིད་དང་།།
གཞན་གྱིས་རྫོ་དབྱུག་དྲག་རྟུང་སོགས།།
རྒྱ་མེད་འགྲམས་པར་གྱུར་པ་ན།།
འབྲས་བུ་གསུམ་དང་དམར་པོ་གསུམ།།
སྤུར་བུ་ཙནྡན་མཛེ་སོ་ཤིང་།།
གང་ཚོགས་གདུས་ཁུས་རྟ་བྱས་ལ།།
གང་བབས་གཉེན་པོས་ཁ་བསྐྱུར་བྱ།།

ཕྱིར་འགྲམས་ཆུ་བཤན་ཁྲག་སྣ་འཁྱིད།།
ཆུ་རྒྱུས་འགྲམས་ན་ལུམས་ཀྱིས་བཏུལ།།
ནང་འགྲམས་སྙིང་ལ་བབས་གྱུར་ན།།
ངོ་ཚུགས་ནག་ཅིང་གཉའ་འཕང་དམའ།།
ཐུར་ལ་མི་འགྲོ་ཟས་མི་འགྲུས།།
སྐོམ་དད་ཆེ་ལ་ཙནྡན་དཀར།།
ཛྷ་ཏི་སྙིང་ཞོ་ཏང་ཀུན་སོགས།།
སྟོད་ཚངས་སྙིང་གི་སྨན་རྣམས་གཏོང་།།
ཐོང་རྩ་གཉིས་དང་ཏུ་ཐུང་གཏར།།
སྙིང་ཁར་ཆུ་བཅག་བརྒྱབ་པས་ཕན།།
གློ་བར་བབས་ན་ཁོག་སྟོད་གྱོང་།།
ལུད་མང་གྱེན་ལ་འགྲོ་མི་ནུས།།
སྣ་ནས་ཁྲག་རྣག་ཆུ་སེར་འོང་།།
རྩེ་ཚུང་གཉིས་དང་གློ་རྩ་གཏར།།
སྙིང་ཁུང་གཡས་གཡོན་གཉིས་དང་ནི།།
གློ་ཡི་ཐད་དུ་མེ་བཙས་བསྲེག །
གློ་སྨན་གང་འཛོམས་སྦྲང་སྦྱར་གཏོང་།།
རྣག་མདོག་སྐྱ་ལ་དྲི་མ་ཆེ།།
གློ་བའི་བུ་མོར་ནད་ཞུགས་རྟགས།།
གང་ག་ཆུང་དང་སྤང་རྒྱན་དཀར།།

སྤྲོ་ལོ་ཙུ་གང་ལི་ག་དུས།།
ག་བུར་དཀར་པོ་ཡར་འདྲེན་གཏོང་།།
སྨན་ཧ་ག་ར་གངས་རྒྱུས་བྱེད།།
ཚེ་ཟད་མིན་ན་འཚོ་བར་ངེས།།
མཆིན་པར་བབས་ན་གཉའ་འཕང་དམའ།།
གས་ཙོས་ཁ་སྨ་ས་ལ་གཏུག།
ཟས་ལ་མི་དགའ་མིག་རྒྱ་འོང་།།
དགེ་དགུའི་དུས་སུ་འཕུན་པར་བྱེད།།
དེ་ལ་གི་ཕྱིཾ་བྲག་ཞུན་དང་།།
གུར་གུམ་ཨུཏྤལ་སེར་མེ་ཏོག།
ཏིག་ཏ་བ་ཤ་ཀ་རྣམས་ནི།།
མར་དང་སྦྱར་ལ་ཁོལ་ཏུ་གཏོང་།།
མཆིན་རྩ་རུ་ཕྱུང་ལག་ལེབ་གཏར།།
མཆིན་པའི་ཐོག་ཏུ་རྒྱ་གྲམ་སྲེགས།།
འགྲམས་ནད་མཆིན་པར་བབས་གྱུར་ན།།
འཕུན་ཞིང་སྨོས་ལ་ཉལ་ལང་བྱེད།།
མཇུག་མ་འཚུབ་ཅིང་སྣ་སྦྲ་འདོན།།
དེ་ལ་ཤུང་དཀར་བཙོས་ཁུ་དང་།།
ཇ་སོའི་ཐང་གཏོང་མཆེར་སྟེང་སྲེགས།།
མཆེར་རྩ་རུ་ཕྱུང་གཏར་བར་བྱ།།

མ་ཕན་མཆེར་སྙིང་ཕྲུར་མས་བཏེག །
འགྲམས་ནད་མཁལ་མར་བབས་གྱུར་ན། །
རྩ་ཚུར་མི་འགྲུས་རྐང་པ་ཤལ། །
ཁོག་སྨད་འཁྱོམ་ཞིང་ངོ་ཚུགས་ནག །
གཅིན་ནི་སྲན་མའི་ཁུ་བ་འདྲ། །
མཁལ་མ་ཚོ་ཤ་སྨན་འབྲས་གསུམ། །
སྟིག་སྲིན་ལྷུམ་འབྲུ་སུག་སྨེལ་རྣམས། །
ཚང་གིས་ཏ་བྱས་སྦྱ་དགོང་གཏོང་། །
མཁལ་མའི་སྙིང་དང་བརླ་སྤུབས་དང་། །
དཔྱི་དང་མཇུག་མའི་སྦོག་མཚམས་སྲིགས། །
དེས་ཀྱང་ཕན་པ་མ་བྱུང་ན། །
མཇུག་མའི་སྦོག་མཚམས་གཡས་གཡོན་སྲིགས། །
ཚང་རའི་སྙིང་དུ་བྱ་རོ་བདུག །
གྲམ་ནད་ཡོང་ལ་བབས་གྱུར་ན། །
ལག་པས་ས་འདྲུ་ཉལ་ལང་བྱེད། །
འདྲེ་ལྡོག་བྱས་ན་སླ་རྩི་དང་། །
བཙོད་དང་འབྲི་མོག་ཐང་ཁྲོམ་འབྲུ། །
མ་ཏུ་རྩེ་རྣམས་ཁོང་ཏུ་གཏོང་། །
ཏ་སྤྲངས་སྤྲང་སྐམ་ལ་ཆ་དང་། །
ཁྲི་ལུད་སྐམ་པོའི་དུ་བ་བདུག །

ཡོང་རྫ་གདར་ཞིང་རྒྱ་ཁྲམ་སྲིགས།།

ཡོང་གི་སྣང་ཁུར་སོར་གཉིས་དང་།།

རྒྱུ་ཡོང་སུམ་མདོ་ཚུང་གཉིས་སྲིགས།།

རྩིབ་ཐུང་བཞི་ཟུར་སྣེ་གཉིས་སྲིགས།།

རྒྱུ་ཡོང་ཕྱེད་བསྡུས་རྒྱ་ཁྲམ་སྲིགས།

ཞེས་རྟ་དཔྱད་མཐོང་བ་ཀུན་གསལ་མེ་ལོང་ལས། འགྲམས་རིགས་བཅོས་པའི་ལེའུ་སྟེ་བཅུ་དྲུག་པའོ། །

༡༧ ལྷད་ནད་བཅོས་ཐབས།

དེ་ནས་ལྷད་རིགས་བརྟག་བཅོས་ནི།།

ལྷད་ནི་བཙོན་དྲགས་རྒལ་དྲགས་གཉིས།།

རྒྱུ་ནི་སྟོད་འཁྲུགས་མ་བརྟུན་པས།།

ཚ་བའི་ནད་ཞུགས་གྲང་བ་ཡོག།

སྨད་འགྲོ་འདོད་ཀྱང་སྟོད་མི་ཐེག།

ཁ་ནས་ཟ་འདོད་མཇིང་མ་གུག།

མིག་གིས་བལྟ་འདོད་མགོ་མི་ཐེག།

ཡང་ན་མགོ་བུབ་དབུགས་ཚུང་འོང་།།

སྟོད་ལྷད་ཐུར་དུ་འགྲོ་མི་ཤེས།།

དེ་ནི་སྟོད་ལྷད་ནད་ཡིན་པས།།

ལྟག་སྐོར་རྩ་གཉིས་མེ་བཙས་སྲིགས།།

མཇིང་ཚོགས་རེ་ལ་མེ་བཙའ་རེ།།

ཐང་ཀོ་དང་ནི་ཟེ་རྫོག་སྲིགས།།
ཤ་བའི་གསང་སྲིགས་ཚུ་བཤན་བྱ།།
དམར་པོ་གསུམ་གྱི་ཐང་གཏོང་ཞིང་།།
འོམ་བུ་ཤིང་རྩིའི་དུད་པ་བདུག།
སྟོད་གསང་དབྱེ་ཞིང་བྱ་སྙིང་དྲངས།།
སླ་རྩི་ཚང་སྦྱར་བཏང་བས་ཕན།།
སྨད་ལྷོད་རྐེད་པ་ཆག་པ་འདྲ།།
རྐང་པ་བཤལ་ཞིང་ཕོག་སྨད་ལྡི།།
རྐེད་པ་ཕར་འཁྱོར་ཚུར་འཁྱོར་བྱེད།།
སྟོད་ཤ་བཟང་ཞིང་སྨད་ཤ་ངན།།
ཞོགས་ཆུ་དང་ནི་སྐར་ཆུ་བླུད།།
ཕོག་སྨད་གསང་ཡོད་ཐམས་ཅད་སྲིགས།།
ཡང་ན་ཆུ་འཛག་སྦྲངས་ནི་སླ།།
སྦྲོས་ཤིང་རྒྱུ་མ་འཁྲིག་པ་དང་།།
གཅིན་ལ་མི་བདེ་ཐོ་བ་སྐྲངས།།
ཁྲུང་ལྔའི་སྙིང་དུ་ཐིག་སྲིན་དང་།།
རྡོ་རྗེ་ཤིང་ཀུན་ཨ་ག་རུ།།
ཐོ་རིལ་བུ་རམ་སྦྱར་ལ་གཏོང་།།
ཆུ་ནི་འཛག་པར་མ་གྱུར་ན།།
ར་ཕག་གང་བྱུང་ཤ་ལ་ནི།།

ར་གཅིན་སྦྱར་ནས་གཏོང་བ་དང་། །
བཅུ་དྲུག་མདོ་གསང་སྔ་ཐེམས་འཇུག །
རྐེད་པའི་འབྲེལ་མཚམས་བསྲིག་པ་དང་། །
སྣད་འོག་མཁལ་རྩ་གཉིས་དང་སྲིགས། །
གཏར་དུ་རུང་བ་མ་ཡིན་ནོ། །
རུས་ལྷད་ཕོག་པ་སྐྱོང་བ་དང་། །
ཉལ་བ་མི་ཤེས་སྣ་རྣག་འོང་། །
ལ་ལར་སྐབས་སུ་གྲད་པ་འཐེང་། །
ལུས་བྲིངས་བདུད་རྩི་ལྡེ་ལུམས་བྱེད། །
རུས་པ་རྫོག་གདུས་ཁུ་བ་བླུད། །
ཞག་དགུ་ཙམ་ནས་ཁྲུང་ལྡེ་ནི། །
སྤོ་བཞུར་ཁུ་བས་ཕུལ་ནས་གཏོང་། །
པགས་ལྷད་གསོ་ངན་པགས་པ་དམ། །
སྤུ་གྲ་མི་ལེགས་དེ་ལ་ནི། །
མཁན་སྐྱེ་གདུས་ལ་ཚང་བཟང་སྲིས། །
དེ་ཡིས་བསྐུ་མཉེ་བྱ་བ་དང་། །
པགས་པའི་གསང་གསུམ་འབྱེད་པར་བྱ། །
ཤ་ལྷད་སྣ་ཚུ་བཅད་པ་འདྲ། །
སྤུ་ནི་མི་སྐྱུར་རྟུལ་མི་ཐོན། །
ཀུམ་ཀུམ་བྱེད་ཅིང་འགྲོ་མི་ཤེས། །

ཉལ་མ་ཐག་ཏུ་རྫིངས་པ་འདྲ།།
ཤ་དང་ལྷུ་ཚིགས་ཉེས་པ་ཡིན།།
འགྲོ་མི་ཤེས་ཤིང་ཕྱིར་འགྲོས་བྱེད།།
ཟ་རིམ་ཁོང་ཚད་ཆུང་བ་ལ།།
ཐྲ་རྩི་སྡིག་སྲིན་སྦྲུལ་ཤ་དང་།།
མི་ཤ་སྲེ་མོང་སྤུ་ཤུད་ཤ།
ཞིབ་བརྟགས་གར་ཚང་ཧ་བྱས་ཏེ།།
གྲོ་ནས་བཙོས་པའི་ཚོས་ཀྱིས་འདེགས།།
ཇ་དང་ལུག་ཤའི་ཁུ་བ་བླུད།།
སྣ་འོག་ཆུ་བཅག་དྲག་ཏུ་སྐྱོབ།།
ལག་ལེབ་ཡོང་རྩ་ཕུར་རེས་བྱེད།།
སྐབས་སུ་ཤིང་སྣའི་དུད་པ་བདུག།
རྩ་ལྷད་གཞོགས་དེའི་ངོས་ཤ་སྐམ།།
གོམ་པ་བཞི་སྒྲོགས་བཙུག་པ་འདྲ།།
རྐང་ལག་རེས་མོས་འཐེང་ཞིང་རེངས།།
དེ་ལ་བཟང་དྲུག་ཨ་རུ་ར།།
ཆུ་སེར་སྨན་བརྒྱད་སྤྲང་རྩིར་སྦྱར།།
ཕྱེ་མ་འམ་ནི་རིལ་བུར་བསྟེན།།
རྩ་ཆེན་གཏར་ཞིང་རུས་དབར་སྲེགས།།
ལྷད་རྒོད་ན་ལུགས་མཚན་ཉིད་ནི།།

ཐོ་ཡི་ཐོ་ཁ་དག་ལ་བབས། །
མོ་ཡི་མཚན་མ་དག་ལ་བབས། །
ཤ་སྒྲངས་སྒྲངས་མདོག་ཁྲ་བོར་གྱུར། །
སྨན་གྱིས་རྩ་སྒོ་བསྡམ་པ་ནི། །
སེ་འབྲུ་བརྒྱད་ལ་ར་གཅིན་སྦྱར། །
ཁོག་ཏུ་བཏང་ན་ཕན་པ་འོ། །
དྲག་ལྷད་རྐང་ཐིག་ལག་ཐིག་རྗེབ། །
དེ་ལ་དགུ་བསྟུས་རྩ་ཆེན་གཏར། །
ཆུ་སེར་གསང་ལ་བསྲིག་པ་བཅས། །
ཛ་གོད་ལྷུད་ཅིང་ཆུ་བཤན་བྱ། །
ཁྲག་ལྷད་རྐང་བཞི་སྤུད་འདྲ་ན། །
རྐང་ལག་བར་གྱི་རྩ་བཞི་གཏར། །
སྤྲལ་པ་རྒྱ་མཚོའི་ཚང་བཞི་རྗེབས། །
ཡང་གཅིག་རྐང་བཞི་འཐེན་རེས་བྱེད། །
དྲུག་མདོའི་གསང་དབྱེ་བུར་རྩ་གཏར། །
འབྲུགས་ལྷད་ཚིགས་རྣམས་སྒྲངས་རེས་བྱེད། །
ཚིགས་བཞི་བསྲིག་ལ་རྐང་བཞི་གཏར། །
ཁྲིང་ལྤྱ་སྤྲག་ཚུང་སྦྱར་ལ་གཏོང་། །
བུར་ལྷད་སུག་བཞི་ག་བུར་སྒྲངས། །
རྩ་བུར་གྲང་བུར་ལྤིང་བུར་གསུམ། །

ཟ་བྱུར་ཁྲག་ཟ་རྒྱས་པ་གདར།།
གྲང་བྱུར་ཆུ་སེར་གསོགས་པ་ཁྲུག།
ལྷིང་བྱུར་ཟ་འགྲམ་མཁལ་ཟ་གདར།།
བྱུར་ལྷད་ཡུན་རིང་མཁལ་མ་ཡིན།།
དེ་ལ་དམར་པོ་འཁྱིལ་ཆེན་གདར།།
དེ་ནས་ཡོང་ཟ་བཙད་ན་ཕན།།
སྟོད་ལྷད་ཡུན་རིང་སོང་བ་ན།།
སོག་པའི་མེ་ཡོང་ཕུག་པར་བྱ།།
དེ་ནས་ལག་ལེབ་རྩེ་ཆུང་གདར།།
མཐིལ་ཆུ་གྲིན་ཡོག་ལྟགས་རིར་འཁོར།།
མཐིལ་ཞབས་ཕུག་ལ་བྲུར་ཟ་གདར།།
ཤ་ཚིལ་ར་ཚིལ་གྱིས་ནི་གསུར།།
ལྷད་ནི་མགོ་ལ་བབས་གྱུར་ན།།
མགོ་ནི་སྦྲུག་ཅིང་མིག་ནི་སེར།།
ལག་པ་ལ་ནི་རེག་མི་འཇུག།
ཕྱི་ལ་འཐེན་ཞིང་མཐུར་མདའ་གཅོད།།
སུག་བཞི་རྣམས་ལ་བབས་གྱུར་ན།།
འཐེང་གྲུམ་བྱེད་ཅིང་ཧ་མ་འཚུབ།།
ཟ་བ་རེམ་ལ་ཤ་མི་འཛིན།།
ལུས་ནི་ལྟེབས་ནས་ཉལ་བ་ཡིན།།

ལུས་པོ་བྲིངས་ལ་བབས་གྱུར་ན། །
འཁྱོར་ཞིང་བང་འགྲོས་མེད་པ་དང་། །
ཁ་ཕྱོགས་གཅིག་ཏུ་ཟ་བ་ཡིན། །
ཇ་མ་འཕྱུར་ཞིང་ཚིགས་ཀྱང་སྐྲངས། །
མིག་ནི་ཞར་ལ་ཟ་མི་རེམ། །
བཟང་དྲུག་ཆུ་སེར་སྨན་བརྒྱད་སྙེར། །
རྩ་ཆུ་གཉིས་ལ་རན་ཚོད་བཟུང་། །
མ་ཕན་གར་ཚང་སྤོ་སྨན་སྦྱར། །
ཁོག་ཏུ་བཏང་ལ་ཚོད་ཀྱིས་འདེགས། །
ཁྲུང་ལྤྱི་བཏང་ན་ཆུ་སེར་འཇོམས། །
དེས་ཀྱང་ཕན་པར་མ་གྱུར་ན། །
སྤོ་སྨན་བཅུ་གཅིག་སྦྱར་ནས་སྦྱིན། །
མ་དྲག་བར་དུ་སྙེར་བར་བྱ། །
ཆུ་རྒྱུག་འཇུག་ཏུ་མི་ཏུང་བཤད། །

ཅེས་ཧ་དཔྱད་མཐོང་བ་ཀུན་གསལ་མེ་ལོང་ལས། ལྷད་ནད་བཅོས་པའི་ལེའུ་སྟེ་བཅུ་བདུན་པའོ། །

༧༧ རྟ་རིགས་བཅོས་ཐབས།

རྟ་ལ་རིགས་ནི་གསུམ་ཡོད་དེ། །
སེར་རྟ་པགས་པ་སྐྱོན་པ་དང་། །
སྤུ་བྱི་འགྲོ་བས་ཁྲུང་ལྤྱི་སྦྱིན། །

སྨྲ་བ་དགྲི་མོང་ཐར་ནུ་དང་།།
དེ་ལྟུག་བཙོས་ནས་ཕབ་བཏབ་བསྐལ།།
རྫེ་ལ་བྱུག་ཅིང་ཁེབ་ཀྱང་གཡོག།
སྨྲ་ནི་སྐྱེས་པར་མ་གྱུར་ན།།
སྲུག་པ་བསྲེག་ཐལ་ཚ་སྦྱར་ཕྱེ།།
མར་ནག་བསྲེས་ལ་བྱུག་པ་བྱ།།
པགས་རྗེ་ཆུ་སེར་ནད་ཡིན་པས།།
དེ་ལྟུག་རྒྱང་པས་བཀྲུས་ཀྱང་ཕུབ།།
སྨྲ་རྗེ་ཁྲག་གི་ནད་ཡིན་པས།།
གཏར་ག་བྱས་ན་ཕུབ་པ་ཡིན།།
རྫེ་ནག་རིགས་ལ་ཁྲག་སྣ་འཕྱིད།།
གཡེར་མ་ཤོག་ཤིང་ལོ་མ་དང་།།
ཆུ་ཁོལ་སྦྱར་བ་སྣང་ལ་ཕུལ།།
ཁྲག་རྣག་རིམ་བཞིན་འཕྱིད་པ་དང་།།
ཕུག་རོན་བྲུན་ཕྱེ་ཆུ་ཁོལ་བླུད།།
གཞན་ཡང་རྗེ་རིགས་སྐྱི་འཛོམས་ནི།།
ཞུང་སོན་རྩ་བ་ཐར་ནུ་དང་།།
དེ་ལྟུག་ནུས་ལྡན་བསྲེག་ཐལ་དང་།།
སྨྲ་ནག་སུ་ཟྲི་ཕུར་ནག་ཕྱེ།།
སྨུམ་དང་བསྲེས་ནས་བྱུག་པ་བྱ།།

སྤྲ་སོགས་སྐྲངས་ན་ཆུ་སེར་འདྲེན།།
ཡང་ན་འོལ་མོ་རྩ་ལོ་རྫུངས།།
ཆུ་ཁོལ་ཕབ་བཏབ་བྱུག་པས་འཚོ།།
ཡང་ན་སྦོ་སྨན་ཟབ་ཕྱེད་ནི།།
ཨུ་ཟྀ་ཕག་ཚིལ་དུ་བ་དང་།།
བྱུལ་ཏོག་བྲ་བའི་རིལ་མ་དང་།།
ཏྲ་ཧ་ཉིང་པ་མ་ཏྲུལ་བཅས།།
བསྲེགས་པའི་ཐལ་བ་རྣམས་སྦྱར་ཏེ།།
ཕྱི་བའི་ཚིལ་དང་སྦྱར་ནས་སྐུ།།
བྱེ་འདབ་གཏར་ག་སྐབས་དང་སྦྱར།།

ཞེས་རྟ་དཔྱད་མཐོང་བ་ཀུན་གསལ་མེ་ལོང་ལས། རྗེ་རིགས་བཅོས་པའི་ལེའུ་སྟེ་བཅོ་བརྒྱད་པའོ། །

༧༢ ལ་བ་བཅོས་ཐབས།

ལ་བ་ཞེས་བྱའི་མཚན་ཉིད་ནི།།
ང་བོ་རྨེན་བུ་ཁྲིས་པ་ཡིན།།
སྐྱི་སྨན་ནག་པོ་དགུ་སྦྱོར་བཤད།།
སྡིག་པ་ནག་པོ་བྱང་བ་ནག།
གླ་རྩི་གུ་གུལ་བོང་ང་ནག།
ཤུ་དག་ནག་པོ་སྤལ་པ་ནག།
ཨུ་ཟྀ་ནག་པོ་ཁྲི་ནག་བྱུན།

ཆུ་ཐོལ་རྟ་ལ་བསྐྱོན་ནས་གཏོང་།།
གཉན་འཕྲས་གག་སྔོག་ཆུ་སེར་འདྲེན།།
མ་ལུས་འཇོམས་བྱེད་པ་ལམ་ཡིན།།
ལ་བ་སླད་གཟེར་ཞེས་བྱ་བ།།
མིག་ཆུ་འཛག་ཅིང་མགོ་བོ་རྗེབ།།
དགུའི་སྙིང་ཤིང་ཀུན་ར་སླད་སྲེས།།
ལ་བ་མགུལ་འགག་ཁ་ཆུ་སྣར།།
ལྩེ་སྐྲངས་དགུའི་སྙིང་རྒྱ་ཚྭ་སྦེབས།།
ལ་བ་མཛིང་རེངས་མཛིང་པ་རེངས།།
མིག་རྩ་རྐོད་ཅིང་དགྲེ་དགུ་དཀལ།།
གསེར་བྱེ་མཚལ་དཀར་རྒྱ་ཚྭ་སྦེབས།།
ཉོད་སྨན་རྒྱ་ཚྭ་སྣ་སྐྱ་གསུམ།།
ཚད་སྦྱར་འབྲི་མར་རྗེ་གདན་བྱུགས།།
གང་བབས་གསང་དུ་མེ་བཙའ་བྱེད།།
རྣག་ན་ཕུག་ཅིང་ཁྲུང་ལྷ་གཏོང་།།
ཡང་གཅིག་ལ་བ་མཛིང་རེངས་ནི།།
རྩྭ་ཆུ་མི་ཟ་འགྲོ་མི་ཤེས།།
སྐྲ་གསང་དབྱེ་ཞིང་བྱ་སྙིང་རྡོངས།།
མིག་ཏུ་བཙའ་ལ་མཛིང་གསང་དབྱེ།།
ཚོགས་བཞིའི་གསང་ལ་ར་ཤ་སྦྱར།།

ལ་བ་གླུད་པ་འབྲུགས་པ་ན།།
མགོ་ན་ཤ་སྤྲང་ཟུག་པ་འདྲ།།
དང་པོ་སྣ་ཏུ་ཟུར་རྩ་གཏར།།
དཔྲལ་བའི་མིག་རྩ་ཕོ་མོ་གཏར།།
གླུད་པའི་རྒྱབ་རྩ་བསྲེག་དགོས་སོ།།
ལ་བ་མགོ་སྐྲངས་མན་གྲིད་གཏར།།
ལ་བ་མཆེར་སྙིང་ཡོངས་མི་ཤེས།།
བཅོས་ལ་མཆེར་ཐུར་འདེབས་པ་འོ།།
ལ་བ་འཚེར་སྣོ་འཚེར་མ་རྣམས།།
གཙག་བུ་མཇུབ་གང་འདེབས་པ་འོ།།
ཞག་གསུམ་གོང་ནས་གྲོ་ཆང་བླུད།།
ལ་བ་གམ་འབྲུགས་རྩ་འབྲུགས་བྱེད།།
བཅོས་ལ་ལྕེ་ཕུག་སྐྱེ་སྨན་བྱེད།།
བར་སྲིད་གཏར་ལ་ར་ཤ་དང་།།
ཕག་གི་ཤ་རྣམས་སྦྱིན་པར་བྱ།།
ལ་བ་འགྲམས་རྣམས་མཁར་ཡུ་འཁྱོགས།།
རང་ཐག་ལྕི་བ་ཚུ་པ་བསྐྱུ།།
ལུག་གི་ཛེ་ངར་སྦུར་དུ་བཙུགས།།
འབྲས་བྲེ་དོ་ཙམ་བསྐོལ་ནས་བླུད།།
ལ་བ་གམ་འབྲུགས་ཤ་རྣམས་འབྲུགས།།

མིག་ཏུ་གཙགས་ལ་རྩ་རྣམས་གཏར། །
ལ་བ་གྲེ་འགག་ཡོག་མ་སྲོང་། །
མན་ཀྲོལ་གཏར་ལ་ཕག་ཤ་སྦྱིན། །
ལ་བ་ཞྭ་གྲུམ་རྫི་མི་ལ། །
གཡས་སྐོར་གཡོན་སྐོར་ཁོག་སྨད་འཁྱོར། །
རི་མིག་རྩོལ་ལ་གསང་རྣམས་ཕྱེ། །
ར་དང་ཕག་ཤ་འབྲས་ཚང་བླུད། །
རྨ་དང་ཆུ་ཡང་འཕྱུང་མི་ཤེས། །
ཡོང་རྩ་གཏར་ལ་ཐེལ་ཚུགས་བྱ། །
ཕག་དང་ར་ཡི་ཤ་རྣམས་སྦྱིན། །
ལུ་ཞིང་སྣ་ནས་རྣག་འོང་ན། །
ལྷགས་གསང་དཀར་པོ་བྱ་བ་ཡིན། །
ཏུ་ཐུང་ལྡེ་རྩ་གཏར་བར་བྱ། །
དེ་ནས་རྣ་རྩ་གཏར་བ་དང་། །
སྣ་ཆུ་མང་བྱུང་ཆུང་བར་བྱ། །
ལ་བ་རྟག་ཏུ་སྲུངས་པ་དང་། །
ལྡེ་ནི་རྟག་ཏུ་འབུ་ཏུ་དང་། །
བཙན་གྱི་རྟགས་སུ་སྨན་བཞི་འདར། །
རྒྱ་ནག་དུག་ཆེན་བྱ་བ་ཡིན། །
ཕབ་དང་སྣ་རྩི་མང་དུ་བླུད། །

ཡོང་གི་རྟ་ཏུམ་གདར་བར་བྱ།།

རྟེ་སོགས་ཆུ་སོགས་ཕྱུག་ན་ཕན།།

མིག་ཏུ་གཙགས་ནས་ཡོང་རྟ་གདར།།

ལ་བ་མགོ་འཁོམ་བྱ་བ་ལ།།

མི་ཡོང་རྐང་བཞི་འཁྱོར་བ་འོང་།།

དེ་ལ་མིག་རྟ་གདར་བར་བྱ།།

གསེར་མདུང་གདར་ལ་མིག་ཏུ་གསོ།།

ལ་བ་ཨོག་དོང་ལྡེ་རྟ་གདར།།

ལ་བ་སྙིང་ནད་ན་ལུགས་ནི།།

མཆན་ཁུང་ནང་ནས་ཕྱིར་སྐུམ་དོན།།

འདྲེ་ཡོག་བྱེད་ཅིང་མཚར་ལང་བྱེད།།

མཆེར་པ་རྐྱུ་ཡོང་མཚན་ཉིད་འདྲ།།

བཅོས་ཐབས་ཏུ་ཐུང་སྐྲེ་རྟ་གདར།།

ཆུ་བཅག་བྱ་ལ་གསང་རྣམས་དབྱེ།།

རྡོ་ཧི་དྲངས་ཤིང་ཚོགས་ཆུ་སླུད།།

མ་ཕན་སྣ་རྟ་ཏུ་ཐུང་གདར།།

ལ་བ་རྨིན་བུ་མཐུར་དུ་ཕྲེང་།།

གྱེན་དུ་མི་དགའ་རྩ་ཆུ་རྣམས།།

དུམ་རེ་འཐུང་ཞིང་གསོས་དལ་བསྟད།།

བཅོས་ཐབས་དང་ག་གདར་བ་དང་།།

མ་ཕན་ཏུ་ཕྱུང་གབ་རྩ་གཏར། །
སྒྲིང་སྣུད་དུད་བདུག་ཡུན་རིང་བཅོས། །
ལ་བ་སྐྲངས་ཤས་གྲིན་ལ་དགལ། །
གྲིན་ལ་ཉལ་ཞིང་ཕྱུར་མི་འགྲོ། །
བཅོས་ནི་ཏུ་ཕྱུང་ལག་ལེབ་གཏར། །
སྨ་གཞུང་རྣམས་དང་ལག་ཏུས་དང་། །
དཔུང་པའི་གར་མིག་རྣམས་ནི་སྲིགས། །
གསང་རྣམས་དབྱེ་ཞིང་དུད་པ་བདུག །
ཚུ་བཙག་བྱ་ལ་སླ་རྩི་སྣུད། །
མ་ཕན་སྣ་རྩ་ཏུ་ཕྱུང་གཏར། །
སྨན་ནི་ལ་བ་སྟོད་ཚངས་ལ། །
བོང་ང་གསོ་བྱེད་ཨ་བར་སྦྱར། །
གསུམ་ཆ་གསེར་མེ་དྲི་ཐོན་ཙམ། །
ཀཎྜ་སྙ་ལོ་ཐུན་ལོག་བྱེད། །
སུམ་ཏིག་གུར་གུམ་གཙོ་བོའི་སྦྱིད། །
ཤིང་ཀུན་དྲི་ཐོན་ཙམ་ཞིག་བཏབ། །
ལ་བ་ཁོག་སྨད་མི་ཐེག་ཅིང་། །
སྐྲངས་འཕུར་བྱུང་བ་རྣམས་ཀྱི་སྨན། །
ག་དུར་ཤ་ཏ་ཐུན་ལོག་ལ། །
བོང་དམར་རྩ་བ་ཨ་རུ་ར་གཉིས། །

གསུམ་ཆ་ལི་ཤི་དྲི་ཐོན་ཅམ། །
ལ་བ་ཡོང་སྐམ་སྨན་ལ་ནི། །
རུ་ཧ་དཀར་དམར་ཆ་སྙོམས་ལ། །
ཐོང་ང་དཀར་དམར་ཐུན་ཕྱེད་ཅམ། །
ཅན་དན་དཀར་དམར་ར་ཤ་དང་། །
བྲག་ཞུན་རྣམས་ནི་གསུམ་ཆ་ལ། །
ཨ་རུ་སླ་ཡོ་དྲེའུའི་ཤ །
སུམ་ཅུ་རིགས་རྣམས་གསུམ་ཆ་གཅིག །
བ་ཤ་སྤྲི་ཡང་གཙོ་བོའི་སྙོམས། །
ལུག་མུར་ཆ་སྙོམ་ཨུཏྤལ་སྦོ། །
དཀར་པོ་ཆིག་ཐུབ་དྲི་ཐོན་ཅམ། །
གུར་གུམ་གསེར་མེ་མ་ནུ་དང་། །
སླ་རྩི་འབྲོང་ཤ་སྟེ་འབྲས་བཅས། །
རན་ཅམ་བཏབ་པས་འཚོ་བ་ཡིན། །
ཡང་གཅིག་ལ་བ་མིག་རྗོག་ལ། །
མིག་གི་སྤྲ་སོར་གཉིས་ཀྱི་མཚམས། །
ཚོགས་གསུམ་ཕྱི་སོར་ཚོགས་གསུམ་བཅས། །
གཡས་གཡོན་སོ་སོར་བསྲེག་པར་བྱ། །
ཁག་གཅིག་མིག་ལ་རྣ་སྐྱེས་སྒྲིབ། །
དེ་ལ་རྒྱ་ཁབ་སྐྱུད་པ་བརྒྱུས། །

འཛིན་ལ་གཙུགས་བུ་རྟོན་པོ་ཡིས།།
ཞ་ཡི་མཚམས་ནས་ཁྲག་བཙོས་བྱ།།
ལ་བ་སྟོད་སྨད་སྐྲངས་འབུར་ལ།།
སྐྲངས་མཐར་ཚུགས་སྲིགས་སྐྲངས་སྟེང་དུ།།
གཙག་བུས་བཞི་གྲམ་གཤགས་ནས་སུ།།
ནང་གི་ཤ་སྐྲན་ཤ་མཚམས་ནས།།
གཙག་བུས་དྲལ་ལ་བཅད་ཤུལ་དེར།།
ཟངས་ཚུགས་ཀྱིས་ནི་ཁ་སེར་ཙམ།།
བསྲེགས་རྗེས་རྨ་སྨན་བཏབ་པས་འགྲོ།།
གལ་ཏེ་དྲུས་བཙོས་མ་བྱུས་ཚོ།།
སྐྲངས་མཐར་ཚུགས་སྲིག་སྐྲངས་སྟེང་ཡང་།།
ཟངས་ཚུགས་གསུམ་སྒྲོམ་བརྒྱབ་ཀྱང་ཕན།།
ལ་བ་སྣ་ཚངས་དབུགས་རྟོན་དགབ།།
དེ་ལ་སྤུག་མ་མཐོ་གང་དང་།།
སོར་གསུམ་རྩེ་རྟེ་བཟོས་ནས་ནི།།
སྣ་དབུས་དྲང་པོར་བརྒྱབ་པས་ཕན།།
རྣག་རྣམས་ཕྱུང་ན་གསོན་པའོ།།
སྟོང་ཟིལ་རྩ་གང་བ་ཤ་ཀ།
ག་བུར་རྣམས་སྦྱར་ལ་བ་ནི།།
ཁྲག་འབྲུགས་རིགས་ཀུན་འཛོམས་པར་བྱེད།།

ཁོང་ང་སྟག་ཆུང་ཅན་དན་གཉིས།།
སླ་རྩེ་ཤུ་དག་ཡུང་བ་དང་།།
སྟག་ཤ་སྦྱར་བས་ལ་བ་ནི།།
གཞང་འབྲུམ་ནད་ལ་ཤིན་ཏུ་བསྟགས།།
སྟག་པ་ཨ་རུ་ཁོང་ང་ནག།
ཤུག་པ་སྟག་ཤ་སྨུ་ཟི་སེར།།
སྦྱར་བ་རྒྱ་ཤོག་ནང་དུ་བཏུམས།།
སྟེར་བས་ལ་ངན་ནད་ལ་ཕན།།
ལ་བ་གང་ཡང་བཅོས་པའི་རིགས།།
སྦྱི་ཡི་ཚུགས་ནི་དཔྱལ་ཚོམས་སྟེང་།།
ཚུགས་གཅིག་སོག་རྩེར་ཚུགས་གསུམ་སྦྲོམ།།
དེ་ཡང་སྟེང་གཉིས་སྤོ་ཚུགས་བྱ།།
དེ་ནས་སྐལ་རྒྱུད་སོག་རྩེ་ནས།།
འཇལ་ནས་སོར་ནི་གསུམ་རེའི་མཚམས།།
ཚུགས་རེ་བཏབ་པས་ཚུགས་བཅུ་གསུམ།།
དེ་ཡང་དཀྱིལ་གཉིས་སྤོ་ཚུགས་དང་།།
དུག་མདོ་གསང་ཡང་སྤོ་ཚུགས་བྱ།།
ཇ་འོག་མར་འཇལ་སོར་གསུམ་རེའི།།
མཚམས་སུ་ཚུགས་ནི་གསུམ་གདབ་བྱ།།
ཇ་ཐད་སོར་གསུམ་མར་མཇལ་བའི།།

མཚམས་སུ་སྦྱོ་ཚུགས་གཉིས་གདབ་བྱ། །
དཔྱི་རུས་འབུར་སྟེང་ཚུགས་གསུམ་སྦྱོམ། །
རྐང་དཀྱིལ་སྟེང་དུ་སྦྱོ་ཚུགས་གཅིག །
ཕོ་རོག་རྐང་ཚིགས་ཕྱི་ལོག་སར། །
ཚུགས་ནི་གསུམ་གསུམ་སྲི་ལོང་སྟེང་། །
སྦྲོལ་ཚིགས་སྟེང་བཅས་ཚུགས་རེ་རེ། །
སོག་པ་ལག་ཤ་མཚམས་སུ་གཅིག །
དཔུང་དཀར་ཚིགས་སྟེང་གྲུ་མགོ་ཡི། །
ཕྱི་ལོག་རྣམས་སུ་ཚུགས་རེ་རེ། །
པུས་མགོ་འབུར་ཚིགས་སྟེང་ཚུགས་རེ། །
བརྒྱབ་པས་གཡས་གཡོན་ཚུགས་གསང་འདྲ། །
ནད་ཚབས་ཤིན་ཏུ་ཆེ་བ་ལ། །
ཚུགས་ནི་དེ་དག་བྱེ་བ་ཡིན། །
རྒྱུན་དུ་ཕོ་རོག་རྐང་ཚིགས་ལ། །
ཚུགས་གསུམ་བྱེ་དང་གཞན་ཚུགས་གསང་། །
གམ་ལྷུར་བྱ་ལ་རྣ་བཞིའི་མཚམས། །
ཚུགས་རྣམས་མི་དགོས་གཏར་བ་ལ། །
སྟོད་ཚངས་བྱེ་རི་ཐེ་ཆེན་གཉིས། །
གང་རུང་གཏར་ཞིང་སྣ་རུ་གཏར། །
གཙོང་ནད་ཐམས་ཅད་གྲུང་བ་ཡིན། །

ལ་བ་ཐམས་ཅད་ཚ་བ་ཡིན།།
ཚ་གྲང་ནད་ཛོ་ཟིན་པ་གཅེས།།
ཚ་གྲང་ནད་ཛོ་མ་ཟིན་ན།།
ས་རྒྱུས་མེད་པར་མཚན་འགྲོ་འདྲ།།
དེས་ན་ནད་ཛོ་ཟིན་པ་གལ།།
དེ་ཕྱིར་ཁ་བཀྲའི་རྩ་བརྟག་ཚད།།
མིག་ཛོ་ཟིན་པ་དཔའ་བོ་ཡིན།།
བྲུར་དུ་བཀོད་པའི་མཚན་ལྟར་ལས།།
སྙིང་རྩ་རྩེ་མོ་གསུམ་ཁུག་ཅན།།
མ་ཚང་རྩེ་ཁུག་རྣག་འབྲུམ་བྱུང་།།
སྙིང་རྩ་ཁྱིངས་དང་དང་པོར་རྒྱས།།
མཐའ་མར་སྙིང་པར་འཕར་བ་ན།།
སྙིང་ལ་བབས་པའི་ནད་རྟགས་ཡིན།།
དེ་བཞིན་གློ་རྩ་རྩེ་ཁུག་ལྔ།།
མ་ཚང་སྐམ་ཞིང་རྣག་འབྲུམ་སོགས།།
བྱུང་ན་གློ་ལ་བབས་པའི་རྟགས།།
མཆིན་པ་རྩེ་ཁུག་གསུམ་པ་ཅན།།
སྐམ་སོགས་བྱུང་ན་མཆིན་པར་བབས།།
བྲུར་རྩ་རྩེ་ཁུག་བཅུ་གསུམ་པ།།
སྐམ་སོགས་བྱུང་ན་ཧུས་པ་ལ།།

བབས་པས་ཀུས་ཚོགས་མི་བརྟན་ནོ། །
རྒྱ་ཡོང་རྩ་ནི་རྩེ་མོ་ཁུག །
དྲུག་པ་ཅན་ལ་ཟིན་པས་ནད། །
རྒྱུ་མར་བབས་པའི་ནད་རྟགས་ཡིན། །
དེ་སོགས་རྟགས་རྣམས་ངོས་ཟིན་ན། །
གང་ལ་བབས་པ་དེ་བཅོས་བྱ། །

ཞེས་རྟ་དཔྱད་མཐོང་བ་ཀུན་གསལ་མེ་ལོང་ལས། ལ་བ་བཅོས་པའི་ལེའུ་སྟེ་བཅུ་དགུ་པའོ། །

༧༣ སྲད་འཛོམ་ནད་བཅོས་ཐབས།

སྲད་མ་ཞུགས་ན་མགོ་སྐྱུག་བྱེད། །
མཆི་མ་ཐོན་ཞིང་མགོ་འཕང་མཐོ། །
འཇོག་ཅིང་ཐུར་དུ་འགྲིལ་བ་ཡིན། །
དེ་ནི་མགོ་ལ་བབས་པའི་རྟགས། །
དཔྲལ་བའི་རྒྱ་གྲམ་དག་ཏུ་སྲེགས། །
ལྟག་རྩ་གཉིས་ཀྱང་བསྲེག་པར་བྱ། །
གླད་པའི་རིགས་སུ་མྱུར་ཚད་ལ། །
ཁྲུང་ལྷ་ཚང་སྦྱར་སྦྱིན་པས་སེལ། །
གླད་པར་ཆུ་སེར་ཞུགས་པ་ལ། །
མགོ་བོ་འཁོར་ཞིང་ཡོར་ཡོར་འགྲོ། །
སྤྱི་བོའི་གཙུག་ནས་སོར་བཞི་འཇལ། །

ཡར་མར་ཚད་དུ་བླངས་ནས་ནི།།
མིག་ཚད་དག་ཏུ་མ་སོང་བར།།
སོར་བཞི་ཕྱུག་ནས་ཆུ་སེར་འདྲེན།།
བཟང་དྲུག་ཤིང་ཀུན་སླ་སྟེ་གཏོང་།།

ཞེས་རྟ་དཔྱད་མཐོང་བ་ཀུན་གསལ་མེ་ལོང་ལས། སྲིད་འཐོམ་བཅོས་པའི་ལེའུ་སྟེ་ཉི་ཤུ་པའོ། །

༧༨ འབུད་འཕེང་ཆག་གྲུམ་འབྲས་ནད་བཅོས་ཐབས།

ཡན་ལག་འཕེང་བབས་བརྟག་བཅོས་བཤད།།
འགྲམ་པ་ཕུད་ན་ཟ་མི་ཐུབ།།
ཁ་ནི་གདང་ལ་མཆུ་ནི་བརྐྱངས།།
གཡས་གཡོན་གང་བུད་བརྟག་བྱས་ལ།།
ཤིང་ནི་མགོ་ཐུམ་མདུན་དུ་བཙུག།
མ་ནོར་བཀན་པས་རང་གནས་ཚུད།།
ཟ་འགྲམ་འབྲུམ་སྲིགས་དུགས་ཀྱིས་བདུག།
དཔུང་པ་བུད་ན་དྲུད་ནས་འགྲོ།།
ས་ལ་མི་ཚུགས་མདུན་དུ་བུབ།།
སྨིག་པར་ཐག་པ་བཏགས་ནས་འཐེན།།
དཔུང་མགོར་རྫོག་པ་ལེན་གསུམ་རྒྱབ།།
ཁྲིག་སྨྲ་ཕྱུང་ན་ཚུད་པ་ཡིན།།
མཐའ་ལ་མེ་ཡིས་བསྲེག་ནས་འཛོག།

ཡང་ན་ཀོ་ཏུ་མེ་ཡིས་སྲེགས། །
སོག་བྱང་རྣམས་ན་གཡབ་ཅིང་འགྲོ། །
སྐྲངས་སར་ཆུ་མདའ་མང་དུ་རྒྱོབ། །
མ་ཐུབ་མེ་ཡིས་སྐོར་ནས་གཙགས། །
སོག་པ་གཡས་གཡོན་ལྟེབ་གསེང་གཏར། །
ལག་ཞོལ་གྲུམ་ན་དྲུད་ཅིང་འགྲོ། །
ཤ་ཏུ་མོན་ཏུ་གཉིས་པོ་སྲེགས། །
སོག་པའི་བྱ་འདབས་སྣ་ནས་མར། །
མེ་བཙའ་གསུམ་ཚོམ་བྱས་ན་ཕན། །
ཡང་ན་རྗོ་བསྲེགས་དུགས་ཀྱིས་བདུག །
ཚིགས་པ་སྐྲངས་ན་ལུམས་ཀྱིས་གསོ། །
བབས་ན་འདོགས་ཤིང་ཕྱུར་ར་བྱེད། །
ཁྲག་བབས་གྲུམ་ན་གཙགས་པས་ཐུབ། །
བབས་ཆེན་རྣ་ཁ་སྐྲངས་ཤིང་རྣག །
རྩེ་ཆེན་གམ་རྩ་སློ་རྩ་དང་། །
ཡོང་རྩ་ལ་སོགས་རྩ་ཆེན་གཏར། །
རྨིག་པའི་ཁུག་རྩ་གཏར་བ་དང་། །
གདོང་རྩ་སྤུན་གསུམ་གང་ཐོབ་གཏར། །
རྣ་མཆམས་འཆུས་ན་མེ་ཡིས་སྲེགས། །
ར་ཚིལ་མར་གྱི་བཙགས་རོ་སྦྱར། །

སྤྱོད་བབས་འཕྲིམ་དུ་འདོན་པ་ལ།།
སྤྲུལ་པའི་གཡས་གཡོན་ར་རྩ་ནས།།
ཚོན་གང་ནང་དུ་འཇལ་བའི་ས།།
བྲུས་ཏེ་རྣག་ཁྲག་ཆུ་སེར་འདྲེན།།
བུག་པ་ཟེ་ཛོག་སྨྱུམ་བཙོས་བཀང་།།
རྨིག་ལྷུགས་བརྒྱབ་པས་འཚོ་བར་བྱ།།
རྨིག་ལྷུགས་བྱུད་ན་དོམ་མཁྲིས་དང་།།
ར་ཚིལ་བྱུག་ལ་ཀོ་ལྷམ་སྐོན།།
དཔྱི་མིག་བྱུད་ན་རྐང་པ་ཤལ།།
མི་འཕྲེང་དྲུད་ནས་འགྲོ་བ་ཡིན།།
མཛུག་མ་ནང་དུ་བསྐོར་ནས་འཕྲེན།།
རྨིག་པའི་རྩེ་ལ་ཐག་པ་འདོགས།།
ཕྱི་ནས་ནང་དུ་འཕུལ་བ་དང་།།
མི་ཡིས་འཕྲེན་ལ་དགུག་པས་ཐེགས།།
རྐང་པ་ཕྱུང་དུ་སོང་བ་ན།།
ཚད་རྟགས་ཡིན་པས་མེ་ཡིས་སྐོར།།
སྒྲི་ཏུས་བྱུད་ན་ཕྱི་འཕྲེན་བྱེད།།
རྨིག་རྩེ་དྲུད་ནས་འགྲོ་མི་ཤེས།།
ཕྱི་ཏུ་བྱུད་ན་རྫོག་པ་རྒྱབ།།
ནང་དུ་བྱུད་ན་ཛ་འགྲིག་ལ།།

ཐག་པ་བཏགས་ནས་བཀུག་པས་ཚུད།།
ཡང་ན་མི་ན་བ་ཡི་ཕྱོགས།།
སྲེ་ལོང་བཀྱིགས་ལ་ཕྱིན་པས་ཚུད།།
སྲེ་ར་ཏུས་ནི་ལྷ་ཆོས་སྲེགས།།
ཀུན་གྱི་ཚུད་ན་མེ་ཡིས་སྐོར།།
ཐུར་ན་མི་ན་བ་དེ་བཀུག།
ན་བ་དྲང་པོར་ས་ལ་འཛུགས།།
རྫོག་པ་རྫེག་ན་ཚུད་པ་ཡིན།།
པན་དཀའ་འབུར་རྩ་ཕྱི་ནང་གཏར།།
ཚ་རྒྱུད་ཚིགས་སུ་མ་སོང་བར།།
ཁབ་ཆེན་ཤུག་ལ་ཟ་མ་བཏང་།།
ཚ་སེར་བཏོན་པས་ངེས་པར་ཕན།།
དེ་རྗེས་ཐིག་སྐུད་བསྐོར་བ་ཡིས།།
ཕྱོགས་བཞི་སོར་གཉིས་མཚམས་སུ་སྲེགས།།
རྗེས་སུ་ཐུད་པ་མི་འབྱུང་ངོ་།།
རྐང་པ་མི་བརྫབས་ལག་མི་སྲིད།།
ཐྲེར་ཡང་བརྫབས་དང་ཐུར་བ་སྲིད།།
དཔུང་སོགས་དཔྱི་མིག་ཤོར་ཉེན་ཡོད།།
དཔྱི་ཏུས་དཔུང་པའི་གམ་དུ་སྲེགས།།
དེ་ནི་ལོག་ནོན་གདམས་པ་འོ།།

དེ་ནས་ཆག་གྲུམ་བཅོས་ཐབས་ལ། །
སྟོད་དུ་གང་ཆག་ཤ་མི་དྲངས། །
བྱང་བུ་རྐང་དང་མཉམ་པ་བསྐོར། །
སྨད་དུ་གང་ཆག་འཆིང་གིས་དགྲིས། །
བྱང་བུ་བཅིངས་ལ་ཁྲི་སྟེང་བླངས། །
རྩ་ཆུ་སྤོས་བར་སྐྱིལ་བ་དང་། །
ཁོང་དུ་ཨ་བྲག་རྣམ་པ་གཉིས། །
སླ་རྩི་དོམ་མཁྲིས་ཕྱེ་མ་ནི། །
རྩི་ཞུར་ཁུ་བས་འཕྱུལ་ལ་གཏོང་། །
སྐྲངས་ན་འཆིང་ནི་དམ་པའི་རྟགས། །
རིམ་གྱིས་ལྷོད་ཅིང་ཆུ་སེར་འདྲེན། །
བྱུག་པ་ཐུར་དུ་ཆུ་རྩ་དང་། །
བཙན་དུག་རེ་ལྕག་བྲག་ཞུན་རྣམས། །
མེ་ཚོགས་སྦྱར་ལ་སྤུ་རྩར་བྱུགས། །
ལྷོད་ན་འཁྱོག་ཅིང་འཁྱོག་པའི་སྐྱོན། །
སྲིད་བུའི་ཐང་རེར་རང་འགྲོས་བཅིང་། །
ཁྲིད་པར་བརྒྱ་རྐང་ཆག་གྱུར་ན། །
སོག་ཆེན་སོ་ལྷན་སྒྲོག་པའི་བར། །
སོག་ཆུང་རེ་རེ་བཅུག་ཏེ་སྒྲོགས། །
འཆིང་ནི་དམ་ལྷོད་རན་པར་བྱ། །

ཤིང་ཁྲིས་སྟེགས་ལ་འགྲུལ་མི་འཇུག །
སྐྲངས་ན་སོག་ཚུང་རེ་རེ་འཐེན། །
རྩ་ཚུ་ཁ་མཉམ་བྲིས་སུ་སྟེར། །
དེ་ལ་འབྲས་ནད་ཞུགས་པ་ན། །
རྣག་ནི་དམར་རྩ་རུས་འབྲས་ཡིན། །
རྒྱུ་མ་རུང་བུའི་བྲད་པ་དང་། །
ཞག་ནི་ཆི་ལི་བྱུང་ན་བཞག །
དར་ཡ་ཀན་དང་དོམ་མཁྲིས་དང་། །
ཆུ་རྩ་གསོ་སྨན་རྨ་ལ་ཐེབས། །
ཁྱུང་ལྔ་མུ་ཟེ་སྦྱར་ནས་གཏོང་། །
མཐའ་མ་མེ་ཡིས་བསྐོར་ན་ཐུབ། །
ཤ་འབྲས་རྣག་ཏུ་མ་སྨིན་ན། །
རུས་སྣ་བསྡུས་པའི་ཕྱེ་མ་ལ། །
ཚང་གིས་བྲན་ནས་བཙོས་པའི་བརྣན། །
ཁོག་ཏུ་ཁྱུང་ལྔ་སྟེར་བར་བྱ། །
རྩ་འབྲས་རུས་འབྲས་ལ་སོགས་པ། །
རྣག་འགུག་བྱ་ཞིང་གསོ་སྨན་གཏོང་། །
ཡན་ལག་གམ་པ་དག་ལས་ནི། །
དཔུང་པ་བུད་ན་རྡུད་ནས་འགྲོ། །
སོག་བྱང་རྨས་ན་གཡབ་ཅིང་འགྲོ། །

ལག་པ་སྣད་ན་དྲུད་ཅིང་འགྲོ།།
བབས་ན་བཏེག་ཅིང་ཆལ་ཆོལ་འགྲོ།།
ཚོགས་ཁ་འཁྲུགས་ན་བསྲིངས་ནས་འགྲོ།།
དཔྱི་ནད་རྐང་པ་ཤལ་ནས་འགྲོ།།
སྲི་ར་རུས་ནད་ཕྱི་འཐེང་བྱེད།།
དེ་རྣམས་བཙོས་པའི་རིམ་པ་ནི།།
དཔུང་པ་བྲུད་ན་བཙུག་པ་བདེ།།
ཐ་མ་མེ་བཙས་བསྐོར་ནས་ཞོག །
ཡང་ན་ཀོ་རུ་ཁ་རྒྱབ་ཞོག །
སོག་བྱང་སྣད་ན་ཚུ་བཅག་རྒྱོབ།།
སྐྲངས་ན་མེ་ཡིས་མནན་ནས་ཞོག །
ཤ་རུ་མེ་རུ་གཉིས་པོ་སྲེགས།།
སོག་པའི་བྱང་འདབས་སྣ་ནས་མར།།
མེ་བཙའ་ཚུགས་གསུམ་བྱས་ན་ཕན།།
ཡང་ན་རྡེ་བསྲེག་དག་གིས་གསོ།།
ཁྲག་བབས་སྦྲུས་དང་གཙགས་པས་ཕྱུབ།།
སྲི་ར་རུས་སྣད་ལྷེ་ཚེས་སྲེགས།།
དཔྱི་མིག་བྲུད་ན་མཚུག་ཐོབ་ལ།།
མཚུག་མ་ནང་དུ་བཀར་ལ་འཐེན།།
ཚིག་པའི་རྩེ་ལ་ཐག་པ་བཏགས།།

མི་ཡིས་འཐེན་ནས་དབྱུག་པ་རྒྱོབ།།
དེ་རྗེས་དབྱི་མིག་མེ་ཡིས་སྲེགས།།
ཆེ་ཝུ་བུད་ན་མི་ཡིས་བཞོན།།
སྤྲེ་ཡོང་བཀྲིགས་ནས་ཕྱིན་ན་ཐུབ།།

ཅེས་རྟ་དཔྱད་མཐོང་བ་ཀུན་གསལ་མེ་ལོང་ལས། འབུད་འཐེན་ཚག་གྲུམ་འབྲས་ནད་བཅོས་པའི་ལེའུ་སྟེ་ཉེར་གཅིག་པའོ། །

༧༥ གག་རིགས་བཅོས་ཐབས།

དེ་ནས་གག་རིགས་བཅོས་པ་ལ།།
ཨོག་ཤ་གག་ན་གྲེ་བར་ངར།།
ཁ་ནས་སློ་ལུ་སྐྱུག་ཚུལ་བྱེད།།
ཧག་ཧག་བྱེད་ཅིང་མཇིང་མི་བདེ།།
དེ་ལ་མི་གཉིས་གཡས་གཡོན་བྱེད།།
གཉའ་ཤིང་ཐྲག་པར་བཀལ་ནས་ནི།།
ནམ་ཚོང་ཨོག་བར་ཤད་ཤད་བྱེད།།
འོམ་བུ་གདུས་པའི་ཁྲུ་བའི་ནང་།།
ཨ་རུ་སླ་རྩི་བཏབ་སྟེ་གཏོང་།།
ཡང་ན་ཁྲུ་ལྷ་བཞི་སླངས་ཐོག།
སྲོ་ལོ་རྒྱན་འབྲུམ་ཚྭ་ལ་དང་།།
ཙུ་གང་གུ་གུལ་རྒྱ་ཚྭ་དང་།།
སླ་རྩི་སྡིག་སྲིན་བཏང་བར་བྱ།།

ཡང་ན་ཁྲུང་སྟེང་རྒྱ་ཚོ་དང་།།
བྱང་པ་ཐིག་པ་ནག་པོ་སྦྱར།།
རྩེ་འོག་གཉིས་པོ་མེ་ཡིས་གནོན།།
རྣག་ཏུ་ཁུག་ན་བཅོལ་བས་འཚོ།།
འགྲུལ་འགགས་འགྲམ་པའི་ཕན་ཚུན་སྐྲངས།།
ཛ་བོ་སྲིན་བུ་ཁྲིས་པ་ཡིན།།
སྐྲངས་པའི་མཐའ་ལ་མེ་ཡིས་སྐོར།།
སྐྲངས་ཐོག་མེ་བཅའ་གཙགས་བུ་རྗེགས།།
ཆུ་འགག་ནད་ཀྱི་མཚན་ཉིད་ནི།།
གཏོང་ཚུལ་བྱས་ཀྱང་ཆུ་མི་ཐོན།།
འཁུན་ཞིང་སྣད་དུ་ཡང་ཡང་བལྟ།།
དེ་ལ་རྒྱ་ཚོ་ལྷམ་འབྲུ་དང་།།
ཐིག་སྲིན་གཡེར་མ་ཆང་སྦྱར་གཏོང་།།
ཆུ་ནི་མི་རིང་ཨེ་གྲོལ་བལྟ།།
མ་གྲོལ་ཟངས་ཀྱི་སྦུ་གུའི་ནང་།།
རྒྱ་ཚོའི་ཁྲོ་མས་རྐང་བྱས་ལ།།
ཆུ་ལམ་སྦུ་གུར་ཁུ་བཏང་བས།།
ཕལ་ཆེར་དེ་ཡིས་ཐོན་པར་ངེས།།
དེས་ཀྱང་ཕན་པར་མ་གྱུར་ན།།
ལག་པའི་སེན་མོ་བྲེགས་ནས་བཀྲུས།།

གྲུ་མོ་མན་ཆད་མར་བྱུགས་ཏེ། །
གཞང་དུ་བཏང་ལ་ལྷང་ཐུག་ནི། །
ཕོ་ལྷང་གཡས་སུ་བསྒྱུར་བྱ་ཞིང་། །
མོ་ལྷང་གཡོན་དུ་བསྒྱུར་བར་བྱ། །
དེ་ཡིས་རྒྱུ་གག་ནད་ལས་གྲོལ། །
སྟོད་གག་སྒྲོས་ནས་སྨང་ལ་ཐུར། །
ཉལ་ལང་འདྲི་ལྡོག་བྱེད་པ་ཡིན། །
དེ་ལ་བྱུལ་རྟོག་དུད་པ་རལ། །
ལྕམ་བུ་རེ་རལ་ཨ་རུ་ར། །
ཚང་སྦྱར་ཁོག་ཏུ་བཏང་བས་འཚོ། །
སྟོད་གག་དེ་ཡིས་མ་ཐུབ་འཆི། །
སྨད་གག་སྒྲོས་ལ་ཉལ་ལང་བྱེད། །
རྟ་སྤྲངས་མ་ཐོན་ཡོང་ཀ་ལ། །
སྨད་གག་ཡོང་དུ་བབས་རྟགས་ཡིན། །
ལག་པའི་སེན་མོ་གོང་ལྟར་བྲེག །
སྤྲངས་རྣམས་བྲུ་ལ་དུར་བྱེད་དང་། །
བྱང་བྱུལ་དུད་པའི་ཕྱེ་མ་རྣམས། །
བ་རྒྱུ་རྡོད་འཛམ་ནང་དུ་བཏབ། །
གྲོད་པར་བླུགས་ལ་རྩེ་ཙུ་ཐུལ། །
ཁོག་ཏུ་རྡོད་སྨན་སྣ་སྒྱུ་གཏོང་། །

དེ་ཡིས་སྨྲངས་འགགས་སེལ་བ་ཡིན།།

སྨྲངས་ཆུ་འགགས་པའི་བཅོས་ཐབས་ལ།།

ཡུགས་ཟ་མ་ཡི་སྤྲུ་ངན་དང་།།

སླ་རྩེ་སྡིག་སྲིན་རྒྱ་ཚྭ་དང་།།

སྨ་སྐྱུ་དྲོད་སྨན་ཕོག་ཏུ་གཏོང་།།

བུལ་ཆུ་མས་ནས་བླུགས་པས་ཕན།།

ཡང་གཅིག་ཆུ་འགགས་ཉལ་ལང་བྱེད།།

ཆུ་ནི་གཏོང་ཚུལ་ཡང་ཡང་བྱེད།།

རྒྱ་ཚྭ་བསྐོལ་ཆུ་ལྡུམ་པའི་འབྲུ།།

ཞིབ་བཏགས་ཕོང་བཏང་དྲག་ཏུ་འཇུག།

དེས་ཀྱང་མ་ཕན་ཕོ་མཚན་བཏོན།།

རྒྱ་ཚྭ་སིངས་པོ་སྦྱར་བ་གཉིས།།

སོག་སྨུག་བཀང་ལ་མཛེ་སྨུག་ཏུ།།

བཙུག་ལ་ཕུ་བཏབ་ཕན་པར་ངེས།།

གཟེ་མ་ལྡུམ་པ་སྡིག་སྲིན་དང་།།

རྒྱ་ཚྭ་སྦྱར་བས་ཆུ་འགགས་སེལ།།

ཞེས་རྟ་དཔྱད་མཐོང་བ་ཀུན་གསལ་མེ་ལོང་ལས། མགུལ་འགགས་ཆུ་འགགས་སྟོད་སྨད་གག་རིགས་བཅོས་པའི་ལེའུ་སྟེ་ཉེར་གཉིས་པའོ། །

༡༨ དུག་རིགས་བཅོས་ཐབས།

དེ་ནས་དུག་རིགས་བཅོས་པ་ལ།།

སྤྲོས་ཤིང་ཁ་ཆུ་ཡོང་བ་དེ།།
དུག་ཅིག་ཟློས་པའི་ནད་རྟགས་ཡིན།།
མར་དང་ཨ་རུ་བོང་ང་དཀར།།
རམ་དང་རེ་རལ་བྲག་སྐྱུ་ཏོ།།
ཅུང་དཀར་མི་ཡི་ཆུ་དང་སྦྱར།།
ཁོག་ཏུ་བཏང་ཞིང་ལོང་རྩ་གཏར།།
དུག་རིགས་སྤྱི་འཇོམས་མགྱོགས་ཐར་ནི།།
ཨ་རུ་ར་དང་བྲག་སྐྱུ་ཏོ།།
རྒྱ་ཚྭ་བྱུལ་ཏོག་སྦྱར་ལ་གཏོང་།།
སོག་ཚིགས་ལང་ཐང་དབྲེ་དུག་དང་།།
རྩྭ་ཆུ་བོང་དུག་གང་ཡིན་ཡང་།།
ཉལ་ལང་བྱེད་ཅིང་ཛ་མ་འཚུབ།།
ཆུ་ནི་ཡང་ཡང་གཏོང་ཚུལ་བྱེད།།
དེ་ལ་རྒྱ་ཚྭ་བྲག་སྐྱུ་དང་།།
ནྭ་བ་སླ་རྩེ་བྱི་ཏང་གཏོང་།།
ཁྱད་པར་བོང་ང་ནག་པོ་ཡིན།།
ལུས་བྱིངས་རེངས་ཤིང་མིག་ནི་ལོང་།།
མགོ་འཁོར་དབུགས་ཚངས་རྒྱུ་ནི་རེབ།།
དེ་ལ་ཕག་ཁྲག་ཆིག་ཐུབ་དང་།།
བོང་དཀར་བྲག་སྐྱུ་ཨ་རུ་གཏོང་།།
ཆུ་ལ་ཡུད་ཙམ་བཞུན་པས་ཐུབ།།

ར་དུག་ཟོས་པའི་ན་ལུགས་ནི། །
ལྷུ་བ་སྐྲུག་ཅིང་དབུགས་ནི་རྗེབ། །
ལུས་ནི་འཁྱོར་ལ་གྱོང་བ་ཡོང་། །
འོ་མ་མར་སྐྱོལ་ཨ་རུ་ར། །
གླ་རྩི་འོམ་བུའི་ཁྲེ་བཏབ་སྦྱིན། །
རྩྭ་དུག་ཟོས་ནས་ཞལ་ལང་བྱེད། །
སོ་འདེབས་ཇ་འཚུབ་ཆུ་མི་འཐུང་། །
དེ་ལ་བཅག་ནི་དྲག་པོ་བྱེད། །
ཤིང་སྣ་གང་འཛོམས་སྤང་མ་དང་། །
འབབ་ཆ་སྨན་ཁྲེའི་དུད་པ་བདུག །
ཚྭ་དང་མར་ཁུ་སྦྱིན་པས་ཕུབ། །
ཡང་ན་ཁྲུང་ལྷ་ཆིག་ཕུབ་སྦྱིན། །
ཆུ་དུག་གོ་ཆུ་ཆུ་རུལ་བཏུང་། །
ཐུག་གཟེར་མེད་ཀྱང་ཞལ་གཉིད་འདོད། །
ཡོང་ལ་བལྟ་ཞིང་ལུས་པོ་འཁྱོར། །
ཕག་ཚིལ་མར་སྙིང་སྤྲང་རྩི་སྦྱིན། །
ཁྲུང་ལྷ་ཆིག་ཕུབ་གར་ཆང་གིས། །
རྐ་བྱུས་སྦྱིན་པས་སེལ་བ་འོ། །
དེ་རྗེས་མར་ཕུག་ཚྭ་རན་སྟེར། །
ལུས་རྩལ་ཙམ་དུ་དལ་བུས་བཅག །
ལུས་ཀུན་བྱིངས་ལ་དུག་བབས་ན། །

ཉལ་ལང་མི་ཤེས་སྤྲངས་ཆུ་གཏོང་།།
རྩྭ་དང་ཆུ་ལ་མི་དད་ཅིང་།།
སྣ་ནི་མི་ལ་ཕུར་བར་བྱེད།།
སྡོ་ནི་དུག་སྨན་གསུམ་ཐང་སྦྱིན།།
ཆུ་ལ་བཤན་ཞིང་ཁྲག་སྣ་འབྱེད།།
རེ་ལྟག་ཟོས་ན་སྟོང་སྦོས་བྱེད།།
ཁ་ནས་ལྦུ་བ་བྱུང་བ་ཡིན།།
མར་ཐུག་ཚྭ་དང་སྦྲང་རྩི་སྦྱིན།།
དབྱེ་དུག་ཅེས་པ་མི་ཁྱི་སོགས།།
འདོད་པ་སྐྱུད་པའི་ས་བོན་དང་།།
ཁྱད་པར་བུད་མེད་ཟླ་མཚན་སོགས།།
བཟས་འཕྲས་བྱུང་བའི་ན་ལུགས་ནི།།
མཆུ་ལྤོག་རྒྱང་མིག་བལྟ་ཞིང་སྔོམ།།
ལྕེ་མཆུར་འཁྲུམ་ཤར་དྲི་ངན་བྲོ།།
ཉལ་ལང་འདྲེ་ལྤོག་ཀྲད་ཀྲད་བྱེད།།
དེ་ལ་སྨིག་སྨིན་སྣ་རྩི་ཚྭ།།
ཚྭ་བ་གསུམ་བཅས་ཚང་སྦྱར་སྦྱིན།།
ལྷམ་ཀྲད་ཁྱི་ལུད་ཐང་ཁྲིམ་དང་།།
ཐོ་མོ་གོ་ལྤོག་སྐྱུད་པའི་སྤུ།།
ཁྱེ་མས་སྣ་བུག་བདུག་པ་དང་།།
སྲིན་ཁྱེ་བཏབ་པའི་དུད་པ་ཡིས།།

སྣ་ཆུ་མ་བྱུང་བར་དུ་བདུག།
ཨ་རུ་ར་དང་ཕུར་མོང་གིས།།
དབྲི་དུག་ལ་སོགས་དུག་རིགས་འཇོམས།།
ནམ་མཁའི་འཇའ་དུག་མགོ་འཕང་མཐོ།།
རྒྱུ་འགྲོས་ཆུ་འཐུང་བྱ་ལྟར་བྱེད།།
དེ་ལ་འབྲུ་སྣའི་དུད་པ་བདུག།
རྗས་ཀྱི་མགོ་ནས་ས་ཕྱོར་གང་།།
གར་ཚང་ཕུལ་གང་བཙོས་པ་གཏོང་།།
ཁྱི་ཡི་མངལ་དུག་བྱུང་བ་ན།།
ཁ་ཆུ་སྣར་ཞིང་ཁོག་སྐྱད་འཁྱིམ།།
ལག་པས་ས་རྐོ་མགོ་བོ་བརྡུང་།།
དེ་ལ་ཞུང་མའི་དུད་པ་བདུག།
རྒྱ་ཚྭ་བཏང་ཞིང་ཡོང་རྩ་གཏར།།
ཕག་མོའི་ཡོང་དུག་བྱུང་བ་ན།།
སོས་འཆའ་བྱེད་ཅིང་དགྱེ་དགྱེ་བྱེད།།
ཁ་སྣ་ས་ལ་ཧྲུད་པའང་འོང་།།
ནས་དང་ཕུག་མའི་དུད་པ་བདུག།
ཇྱིད་སྨན་དུར་བྱིད་ཟླུམ་པ་གསུམ།།
མས་ཀྱི་གསུས་ནས་སྦྱར་བར་བྱ།།
སྲི་མོའི་མངལ་དུག་བྱུང་བ་ན།།
འདྲི་ལྟོག་བྱེད་ཅིང་མིག་རྩ་རྐོད།།

གཡས་གཡོན་ཡོང་ལ་བྱ་ར་བྱེད།།
དེ་ལ་བྱི་ལའི་བྱུན་དང་ནི།།
ཕག་བྱུན་ར་ཚིལ་དུད་ལ་བདུག།
མ་ཐུབ་ཞུང་རྐོད་ཆང་ལ་བཙོས།།
ལྡངས་པའི་དབལ་གྱིས་དུད་པ་བདུག།
ཡོང་གཉིས་བསྙིག་ཅིང་མཐུག་རྩ་གདར།།
སྤྲང་གིའི་དུག་ནི་ཕང་ལག་རྐྱང་།།
ཡ་མཚུ་གནམ་བསྟན་རྒྱ་ཁྲ་བྱེད།།
དེ་ལ་སྣ་སྐྱུའི་ཁུ་བ་ལ།།
རྒྱ་ཚྭ་སླ་རྩི་བཏབ་པ་སྦྱིན།།
སྟོམ་ཕྱིག་སྲི་མོང་ཏེ་ཡོའི་དུག།
ལག་པས་ས་འབྲད་འདུག་མི་ཚུགས།།
མགོ་འཕང་མཐོ་ཞིང་མིག་རྩ་དམར།།
ཁྲིད་པར་སྟོམ་ཕྱིག་སྦྱོས་པ་ལ།།
སྲད་དཀར་རམ་པ་ཆང་སྦྱར་སྦྱིན།།
ཇ་སྙིང་རྩེ་མོ་ཤུགས་ཀྱིས་སྲེགས།།
གཞན་རྣམས་དཔའ་བོ་སེར་པོ་སྦྱིན།།
ས་དུག་སྦྱོས་ཤིང་ལག་པ་བརྡེག།
དེ་ལ་ཞུག་རིལ་བཙོས་ཁུ་སྦྱིན།།
ཡང་དུག་རྟགས་ནི་རྟུལ་ཞིང་འགྱེལ།།
དེ་ལ་ཨ་ག་རུ་ཐང་སྦྱིན།།

ཀན་དང་གམ་ཙ་གཏར་བར་བྱ། །
སྤྱིར་ན་དུག་རིགས་ཐམས་ཅད་ལ། །
རྒྱ་ཚྭ་བྲུལ་ཏོག་དཔའ་བོ་སེར། །
ཨ་རུ་ར་དང་སྣར་བུ་སྦྱར། །
བཙག་ཅིང་ཁེབས་དང་རྡོད་དུགས་བྱ། །
གཏར་ག་མེ་བཙའ་སྐབས་དང་སྦྱོར། །
དབྲི་དུག་ཐམས་ཅད་ན་ལུགས་གཅིག །
དེ་ཡི་ན་ལུགས་ཁོང་སྦོས་ཤིང་། །
བཤང་གཅི་མ་དོན་པ་བཞིན་བྱེད། །
ཡང་ཉལ་ཡང་ལང་འདྲི་ལྡོག་བྱེད། །
འཕྲུན་ཚུང་བྱེད་ཅིང་རྒྱུ་མ་རྣམས། །
གཞོགས་གཡོན་ས་ལ་སྟོན་ཞིང་ཉལ། །
དབྲི་དུག་སྤྱི་ཡི་ན་ལུགས་ཡིན། །
བཅོས་པའི་ཐབས་ནི་འདི་ལྟར་ཏེ། །
ཁྲི་ལུད་ཕག་བྲུན་ལྷམ་ཚངས་དང་། །
དར་གསུར་བདུག་པ་ཡང་ཡང་བྱེད། །
སྐེ་དང་ཡོང་ཙ་སྣོལ་མར་གཏར། །
གཞན་ཡང་དུག་སྨན་རྙེད་ཚད་དང་། །
སིངས་པོ་སྦྱར་བ་ཁོང་དུ་གཏོང་། །
དབྲི་དུག་གར་མ་གཅིག་ཡོད་པས། །
རབས་ཆད་ནག་མོའི་མངལ་དུག་ཡིན། །

དེ་ཡི་ན་སྣངས་བསྣན་པ་ནི།།
རྒྱུ་མ་བྱང་ཞིང་མིག་རྩ་དམར།།
ཆུ་ནི་ཁྲག་གི་མདོག་ཏུ་འོང་།།
ཉལ་ཞིང་འདྲེ་ལྗོག་མང་དུ་བྱེད།།
གསང་དང་རྩ་ཁ་མང་དུ་འཕྱེད།།
ཁྲག་ནི་མི་མང་ཉུང་ངུ་ཆུང་།།
ཤིང་རྩྭ་སྣ་ཚོགས་དུད་པ་བདུག།
དཔའ་སེར་རྒྱ་ཚྭ་ཨ་རུ་ར།།
སླང་ཆེན་ཆིག་ཐུབ་ཆང་སྦྱར་གཏོང་།།
དབྲི་དུག་གར་མའི་བཅོས་ཐབས་ཡིན།།
ས་དུག་ཐམས་ཅད་ན་ལུགས་ནི།།
སྤྱི་རྩ་རྟུལ་ལ་ཁ་སྣ་སྐམ།།
ཁོང་སྦྲོས་འདྲེ་ལྗོག་མང་དུ་བྱེད།།
བཅོས་པའི་ཐབས་ནི་འདི་ལྟ་སྟེ།།
ཡོང་རྩ་གཉིས་གཏར་གསང་རྣམས་དབྱེ།།
ཕུར་ནག་ཟེ་ཚྭ་སིངས་པོ་དང་།།
ཨ་རུ་ར་སྦྱར་ཁོག་ཏུ་གཏོང་།།
ཁམ་པ་རྫོས་ལ་ཡོང་དུ་གསོ།།
དེ་ལྟར་བྱས་ན་བདེ་བར་གྱུར།།
ས་དུག་གར་མ་གཅིག་ཡོད་པས།།
གང་པ་ནག་པོའི་ས་དུག་ཡིན།།

དེ་ཡི་ན་ལུགས་བསྟན་པ་ནི།།
ཁ་སྣ་གཉིས་ནས་ཆུ་བབས་ཤིང་།།
ལུས་རྨུལ་འདྲེ་ལྷོག་མང་དུ་བྱེད།།
རྣ་བ་ཡུར་ཡུར་སྒྲུག་མི་ཤེས།།
ཛ་ནག་མར་གྱིས་བདུག་པ་བྱ།།
སྤྱིར་ནི་རྩ་ཁ་ཐམས་ཅད་འབྱེད།།
གསང་ཐྲན་ཀུན་ཀྱང་གཏར་བར་བྱ།།
དུག་སྨན་འཇོམས་ཚད་ཐམས་ཅད་དང་།།
ཚྭ་སྣ་མང་པོ་སྦྱར་ལ་གཏོང་།།
ཁམ་པ་རྗེས་ལ་གསང་རྣམས་གསོ།།
ར་ཕག་ཤ་ཡི་ཁུ་བ་གཏོང་།།
ས་དུག་གར་མའི་བཅོས་ཐབས་ཡིན།།
བྱ་ཁྲག་ཕག་ཁྲག་ར་ཁྲག་དང་།།
གཙོད་ཁྲག་གཡག་ཁྲག་རྐྱང་ཁྲག་རྣམས།།
དུག་རྣམས་ཀུན་ལ་བསྒྲུགས་པ་ཡིན།།
ཡང་གཅིག་རྟ་ཡིས་དུག་ཟོས་ན།།
ཁ་ལྤྲུ་ཡོང་ཞིང་མཆུ་ལྟེ་སྐྲངས།།
འཁྲུན་ཞིང་མིག་ནི་མི་གསལ་ལ།།
བཅོས་ཐབས་བོང་དཀར་རེ་རལ་དང་།།
ཨ་རུ་ཡུག་ཅིང་ཞིབ་བཏགས་རྣམས།།
ཆུ་གྲང་དང་སྦྱར་ཁོང་དུ་གཏོང་།།

ཐོང་ག་སྙིང་ཁར་ཆུ་བཙག་བྱེད།།
དེ་སྟེང་རམ་དང་ཨ་རུ་རའི།།
ཚིགས་ཐང་གཏོང་ལ་ཐོང་རྩ་གཏར།།
རྩ་རྣམས་ཐམས་ཅད་རིམ་བཞིན་གཏར།།
ཡང་གཅིག་དུག་ཟློས་ན་ལུགས་ནི།།
མཆུ་དང་ལྕེ་སྐྲངས་ཁ་ལྷུ་འོང་།།
ངོ་ནག་གཉའ་འཕང་དམའ་བ་དང་།།
མིག་ཆུ་འོང་བ་བཅོས་ཐབས་ནི།།
ཨ་རུ་བོང་དཀར་རེ་རལ་དང་།།
དུག་མོ་ཉུང་རྣམས་སྐོལ་ཐང་གཏོང་།།
གམ་རྩ་དང་ནི་རྩེ་ཚུང་གཏར།།
སྙིང་ཁར་ཆུ་གྲང་ཆུ་བཙག་སྐྱོབ།།
དེ་ནས་འབྲས་གསུམ་ཐང་བཏང་ཕན།།
ཡང་གཅིག་དུག་ནད་བརྟག་བཅོས་ནི།།
ཁ་བཀྲ་དུག་རྩ་རྒྱས་ཤིང་འཕར།།
ཡ་ཀྲན་སྙི་ཉོལ་བབས་པ་དང་།།
འདྲི་ལྟོག་ཡང་ཡང་མང་དུ་བྱེད།།
དེ་དུས་ཀྲན་ཁྲག་ཧ་རྩ་གཏར།།
སོང་རྩ་རྒྱབ་ཀྱང་མ་ཕན་ན།།
དེ་སྟེང་ལག་ལེབ་ཟུར་རྩ་གཏར།།
དུག་སྨན་ལྷུད་པས་ཕན་པ་ཡིན།།

སྨན་ནི་ཕག་ཁྲག་མི་ཁྲག་གཉིས། །
ཐུན་ལོག་སུག་སྨེལ་ཕ་ཏ་དང་། །
འོམ་བུའི་མེ་ཏོག་བཅས་པ་རྣམས། །
གཙོ་བོ་ཕྱེད་སྦྱར་རི་འཕར་དང་། །
སྦྲིལ་མཁྲིས་ས་འབྲས་ག་བུར་དང་། །
ལི་ཤི་ཐོན་ཙམ་བཅས་པ་སྦྱོར། །

ཞེས་རྟ་དཔྱད་མཐོང་བ་ཀུན་གསལ་མེ་ལོང་ལས། དུག་རིགས་སྣ་ཚོགས་བཅོས་པའི་ལེའུ་སྟེ་ཉེར་གསུམ་པའོ། །

༡༧ སྲོས་དང་སྲིན་རིགས་བཅོས་ཐབས།

དེ་ནས་སྲོས་དང་སྲིན་གྱི་རིགས། །
ཚ་སྲོས་རྟུལ་ཞིང་འཁྲུན་པ་དང་། །
སྣ་བུག་ཚ་ཞིང་དྲི་མ་སྣོམ། །
དེ་ལ་རཀྟ་རྩ་དབུས་མ་གཏར། །
ཡང་ན་ལོང་རྩ་གཡས་གཡོན་གཏར། །
ཨ་རུ་ལི་ཤི་གསེར་མེ་ཏོག །
ཐི་ཐི་ལིང་དང་ག་གོར་གཏོང་། །
གྲང་སྲོས་སྣ་བུག་གྲང་ཞིང་སྲོས། །
དེ་ལ་བྲ་བའི་ཚང་སྙོའི་ས། །
ཚང་ཐྲན་རྗེ་ལ་གལ་ཏར་གླུགས། །
ལོང་སྙིང་བཀལ་ནས་ཚ་དུགས་བྱ། །

ཡང་ན་སྣང་སྣམ་དུད་ཀྱིས་བདུག །
ཁོག་ཏུ་དཀར་པོ་དྲུག་སྦྱོར་གཏོང་།།
ཡོང་སྙིང་རྒྱ་གྲམ་དག་ཏུ་སྲིགས། །
ཏ་ཕྱུགས་གང་ཡང་སྲོས་པ་ལ། །
ཇ་སྙིང་རྩེ་མོ་བསྲིག་པས་ཕན། །
སྲོས་ནས་ཁ་ཆུའི་མདོག་འགྱུར་ན། །
སྲི་རིགས་དུག་འཐབ་བྱ་བ་ཡིན། །
སྣང་ཕྱེ་ཁྲི་ལུད་སྣམ་པོ་དང་།།
སྒོག་སྐྱ་ལ་ཆ་འབའ་ཆ་དང་།།
བུད་མེད་སྤུ་ངན་དུད་པ་བདུག །
ཁོག་ཏུ་སྒོག་སྐྱ་ཤིང་ཀུན་གཏོང་།།
སྲི་ཡི་དུག་ལས་རྣམ་པར་གྲོལ། །
ཚ་ཡོང་དག་གི་མཚན་ཉིད་ནི། །
རྐང་པ་གྱོང་ཞིང་སྤུ་རྩེ་རྫུལ། །
སྣ་ཡི་རྡོད་ནི་ཚ་བ་དང་།།
ཉལ་ཡོང་འདྲེ་ལྗོག་མང་དུ་བྱེད། །
སུག་བཞི་གནམ་ལ་བསྟན་པར་བྱེད། །
དེ་ལ་བཅོས་པའི་རིམ་པ་ནི། །
གི་ཝཾ་ཙུ་གང་སླ་སྐྱེ་དང་།།
ཁྲི་ཧང་ཀ་དང་མ་ནུ་ཙོ། །
ཙོང་ང་དཀར་པོ་ཨ་རུ་ར། །

བ་ལེ་ཀ་རྣམས་བཏང་བར་བྱ། །
དལ་པོར་བཅག་ལ་ཆུ་བཅག་བྱེད། །
དེ་ཡིས་ཕན་པར་གྱུར་བ་ཡིན། །
འོང་ལ་སྨུར་དུ་ཞུགས་པའི་རྟགས། །
ཉལ་ལང་བྱེད་ཅིང་སྦྲོ་ལ་བལྟ། །
སྐབས་སུ་ཉལ་ལང་འདྲི་ལྡོག་བྱེད། །
འོང་གཉིས་རྒྱ་གྲམ་དག་ཏུ་སྲིགས། །
གྲང་འོང་ན་བའི་མཚན་ཉིད་ནི། །
ཆུ་འཕྲུང་རྟུལ་གྲང་རྫེས་ལ་འོང་། །
ཉལ་ལང་འདྲི་ལྡོག་མང་དུ་བྱེད། །
སྣ་ཡི་རྡོད་ན་གྲང་བ་དང་། །
ཁོག་པ་འཁྲོག་པ་ལ་སོགས་ཡོང་། །
དེ་ལ་བཅོས་པའི་རིམ་པ་ནི། །
རྒྱ་ཚྭ་སྐ་སྐྱུ་ཨ་རུ་ར། །
བོང་ང་དཀར་པོ་པི་པི་ལིང་། །
བྲི་ཏང་ཀ་དང་མ་རུ་ཙེ། །
རྡོག་གི་འབྲས་བུ་ལང་ཐང་ཙེ། །
ཆང་དང་སྦྱར་ནས་གཏོང་བར་བྱ། །
དྲག་ཏུ་བཅག་ལ་རྩྭ་ཆུ་བཀག །
དེ་ཡིས་ཕན་པར་འགྱུར་བ་ཡིན། །
ཤིང་ཀུན་སླ་རྩི་སྐྱོག་སྐྱུ་དང་། །

ཐང་ཁྲོམ་བཅའ་སྣ་རྫོད་སྨན་དང་། །
བཙོད་མདུང་མཁལ་མ་ཞོ་ཤ་དང་། །
བྱི་ཏང་ག་དང་མ་ནུ་ཙེ། །
ཞིབ་པར་བཏགས་ནས་ཚང་སྒྱུར་གཏོང་། །
ཡོང་ནད་ལྟོ་དུགས་བྱས་ཀྱང་ཕན། །
ཚ་སྲིན་སྲོས་ཤིང་འདྲི་ལྡོག་བྱེད། །
དེ་ལ་ཡོང་རྩ་གཉིས་པོ་གཏར། །
དྲིས་མའི་རྩ་ལོ་མི་འབྲས་དང་། །
ཕུར་མོང་ནག་པོའི་སྐོལ་ཆུ་སྦྱིན། །
གྲང་སྲིན་ཁོག་པ་མི་སྲོས་པ། །
སྣ་དུག་གྲང་ལ་ཉལ་ལང་བྱེད། །
དེ་ལ་རྒྱ་ཚྭ་ཁ་རུ་ཚྭ། །
ཚང་བཟང་སྐོལ་ལ་བཏབ་སྣེ་གཏོང་། །
ཡང་ན་ལན་ཚྭ་ནག་ཁྲུག་བཟོ། །
མི་ཆུར་བཏབ་པའི་སོལ་སྦྲ་ཅན། །
ཁུ་བ་བཏང་བས་འཕྲུལ་དུ་ཞི། །
ཡང་ན་སྒོག་སྐྱ་བྱི་ཏང་ག །
དྲིས་མའི་འབྲས་བུ་མ་ནུ་ཙེ། །
གླ་རྩི་དཀར་པོ་ཚིག་ཐུབ་དང་། །
ཕུར་ཐལ་སྦྱར་ལ་ཆུ་ཁོལ་ཕུལ། །
སྲིན་རིགས་ཀུན་གྱི་སྤྱི་འཇོམས་ཡིན། །

ལང་འདོད་འཚུབ་དང་ངོ་ཚུགས་ནག །
ཁོང་སྤྲོས་རོ་སྨད་འཁུམ་ཞིང་འདར།།
མིག་ཟླུམ་ཁོང་སྲིན་ན་བ་ཡིན།།
སླ་རྩ་ཐང་ཕྲམ་དྭ་བའི་རྩ།།
རྒྱ་ཚྭ་བུལ་ཏོག་དྲི་ཆུར་སྦྱར།།
སྤྲོས་པ་མེད་ན་བོང་དཀར་སྡེབ།།
སྲོག་གཏེར་ངན་པའི་མན་ངག་ཡིན།།
ཕུར་ནག་ཁཎྜ་ཆུ་ཁོལ་ཕུལ།།
མི་རྟའི་སྣོད་སྲིན་ཀུན་ལ་མཆོག །
རྟུལ་ཐོན་ཙམ་དུ་བཙག་པ་དང་།།
ལྟེ་བའི་ཕྱོགས་བཞིར་ཕྱུག་གང་བསྲེག །
བྲེ་མ་བཙོས་པས་ཚ་དུགས་སྦྱར།།

ཞེས་རྟ་དཔྱད་མཐོང་བ་ཀུན་གསལ་མེ་ལོང་ལས། ཚ་སྤྲོས་གྲང་སྤྲོས་ཚ་གྲང་སྲིན་རིགས་བཅོས་པའི་ལེའུ་སྟེ་ཉེར་བཞི་པའོ། །

༧༨ ཕྱི་ནང་གི་གནས་དང་སྦྱར་ཏེ་བཅོས་ཚུལ།

དེ་ནས་ལུས་ཀྱི་གནས་དང་སྦྱར།།
དེ་ལ་ཕྱི་ནང་རྣམ་པ་གཉིས།།
དང་པོ་ཕྱི་བབས་བཅོས་པ་ནི།།
མགོ་ནད་སི་སི་ཐོད་ཞག་ནི།།
སྣ་ནས་སི་སི་ཟེར་བ་དང་།།

མགོ་བོ་ཡང་ཡང་སྤྲུག་བྱེད་ཅིང་།།
རེ་འགའ་བྲག་དང་གྱང་ལ་འཛུགས།།
དེ་ལ་དཔྲལ་བའི་ཚོམས་སུ་སྲིགས།།
རྩ་ནི་དྲེས་མའི་ཐལ་བ་ལ།།
འཇག་མའི་ཁུ་བ་ཚང་སྦྱར་གཏོང་།།
ཕན་དགའི་སྤྲི་བོའི་ཏོག་ཏོག་དང་།།
ཕྱོགས་བཞི་དཔྲལ་བའི་ཚོམས་དང་སྡུག།
བསྲེག་ཅིང་བླུད་པའི་རྒྱབ་རྩ་གཉིས།།
གཏར་ན་ཤིན་ཏུ་ཕན་པ་ཡིན།།
བླུད་པ་ཆུ་སེར་ཞུགས་གྱུར་ན།།
མགོ་ཕྱུ་འཕྱོར་ཞིང་ཡོར་ཡོར་འགྲོ།།
སྤྲི་བོའི་ཏོག་ནས་སོར་བཞི་འཇལ།།
ཡར་མར་ཚད་དུ་བླང་ནས་ནི།།
མིག་ཚོལ་དག་ཏུ་མ་སོང་བར།།
སོར་གཅིག་ཕུག་ལ་ཆུ་སེར་འདྲེན།།
བཟང་དུག་ཤིང་ཀུན་སླ་རྩི་དང་།།
མགོ་དང་ཁ་ཚུལ་བྱིངས་སྐྲངས་ན།།
རྣ་བའི་ཕན་ཚུན་གཉིས་དང་ནི།།
མིག་གི་ཕན་ཚུན་གཉིས་པོ་སྲིགས།།
མར་ཁུ་སྟེར་རམ་ཏུས་ཁུ་སྤྲིན།།
མི་ཤུལ་གཙུག་ཅིང་ཚ་རྗེས་དུགས།།

མིག་ནི་སྐྲངས་ཤིང་མིག་ཏུ་ལ།།
དེ་ལ་མིག་སྤྲིན་མ་སྣད་པར།།
མིག་ཏུ་བཏོན་ནས་ཟླ་རྩེ་སྦྲིན།།
མིག་ནི་མི་གསལ་ལིང་ཐོག་བྱུང་།།
དེ་ལ་ག་བུར་མཚལ་དཀར་དང་།།
ཟླ་རྩེ་དོམ་མཁྲིས་སྒོ་ལོ་དཀར།།
ཞིབ་བརྟགས་མིག་ལ་བཏབ་པས་ཕན།།
མིག་གི་རྒྱབ་མདུན་ཚོན་གང་སར།།
ལྕུགས་ཀྱི་རྩེ་མོས་གཉིས་གཉིས་སྲིགས།།
མཆུ་ནི་མི་འགྲུལ་རྩ་མི་ཆོད།།
སྣ་ཏུ་འཁོར་བའི་རྟགས་ཡིན་པས།།
སྣ་ཏུ་གཡས་གཡོན་བཅད་ནས་ནི།།
ཟླ་རྩེ་ཁོང་སྲུང་སྤེར་བར་བྱ།།
ཁ་ཆ་བྱུང་ན་མིག་བཞི་འཕྲུམ།།
ལྕེ་སྐྱོག་བུད་ནས་འོང་བ་ཡིན།།
དེ་ལ་ཁྲུང་ལྷ་བཞི་སླངས་ནས།།
ནག་མཚུར་སེང་གྲོམ་ཨ་ཏུ་ར།།
ཟླ་རྩེ་སྦྱར་ལ་བཏང་བར་བྱ།།
ལྕེ་སྐྲངས་ཟས་སྐོམ་མི་འདོད་ན།།
ཁྲུང་ལྷ་ལྕེ་སྟེང་སྦྱར་ནས་གཏོང་།།
མཛུབ་མོས་ཟིན་ན་ཟོར་བས་གཏོར།།

ཡང་ན་སྤྱང་ལྕེ་སླ་རྩེ་སྦྱོར།།
རྟ་ནི་མི་ཟ་ལན་བུ་སྐྱུར།།
དེ་ནི་ཟ་འགྲམ་བུད་པ་འམ།།
ཡང་ན་འགྲམ་པ་སྣད་པ་ཡིན།།
བུད་ན་མདུན་དུ་རྣ་ཤིང་བཙུག།
མ་ནོར་བཀན་པས་ཚུད་པ་ཡིན།།
ཟ་འགྲམ་གམ་མམ་སྨུམ་ཚུགས་བྱ།།
མ་ནོན་མེ་བཙས་ནོན་པར་སྲེགས།།
གཉའ་བ་སྐྲངས་ཤིང་འགུག་མི་ཤེས།།
གཡས་གཡོན་གང་གི་ཚིགས་མིག་ལ།།
མེ་ཡིས་བསྲེག་ཅིང་ཕུར་ལ་གཙགས།།
གཙགས་ཆུ་སྟེང་གི་ཁ་ལ་སྟེར།།
ཕན་དཀའ་བདུད་རྩི་ལྡེ་ལུམས་བྱ།།
འགུལ་འགགས་འགྲམ་པའི་ཕན་ཚུན་སྐྲངས།།
ཛོ་བོ་རྨེན་བུ་ཁྲིས་པ་ཡིན།།
སྐྲངས་སའི་མཐའ་ལ་མེ་ཡིས་སྐོར།།
སྐྲངས་ཐོག་མེ་བཙའ་གཙགས་བུས་རྗེགས།།
ཅམ་གྲུམ་བཏབ་པའི་མཚན་ཉིད་ནི།།
སོག་སྟོད་སྲབ་མོ་གས་གྲུར་ན།།
དཔུང་སྟོད་སོག་པ་སྐྲངས་པ་འོང་།།
དེ་འོག་མེ་བཙའ་ནར་ནར་སྲེགས།།

སོག་པར་ཆེ་ཆུང་ཞུགས་གྱུར་ན།།

སྐྲངས་པོ་ཉར་ཉེར་ལྷར་ལྷུར་འོང་།།

དེ་ལ་མི་བཙའ་ཐུར་མ་རྟེགས།།

ཤ་རྐོད་འབྲུག་པས་ཡོབ་ཆེན་ཕོག།

ཡང་ན་ཁལ་བཀལ་ཡོར་བ་འམ།།

རྫོ་དབྱུག་ཕྲ་རྫོ་ལ་སོགས་ཕོག།

སོག་པའི་རྩེ་མོ་སྐྲངས་པ་འོང་།།

སོག་པ་ནས་ནི་རྩིབ་ལོག་ཏུ།།

ཤ་སྦུབ་གསུམ་ཡོད་དེའི་སྟེང་དུ།།

མེ་རིས་བཏབ་ཅིང་ཆུ་སེར་གཙག།

དཔུང་པ་གོ་ལའི་ཕྱི་ནང་གཉིས།།

གང་གོལ་གང་བབས་མེ་ཆུ་རྟེགས།།

རྒྱབ་གཞུང་གྲམ་ནས་རྒྱབ་གཞུང་ཀུན།།

གཞོང་པ་ཁ་སྦུབ་བཞིན་དུ་སྐྲངས།།

དེ་ལ་ཆུ་རྩ་ཤུ་དག་དང་།།

དུག་མོ་ཉུང་གི་ཐུགས་པ་བྱེད།།

ཁམ་པའི་འདག་བ་གཞོགས་ལ་ཞོག།

རྩིབ་མའི་བར་ལ་མེ་རྟེགས་བྱེད།།

ཁོག་སྟུང་གཉན་སྨན་གྲམ་ཐང་གཏོང་།།

དེ་ཡིས་གཞུང་གྲམ་སེལ་བར་བྱ།།

གམ་པ་སྐྲངས་ན་ཆུ་བཙག་དྲངས།།

ས་སྐྱིན་འདག་པ་གཡོག་པས་ཕན།།
རྣག་ཆུ་འཁོར་བ་གཙགས་པས་ཕན།།
རྨ་ལ་ཐར་ནུ་མི་ཁྲིའི་བྲུན།།
མི་ཏུས་ལ་སོགས་བསྲེག་ཐལ་བཏབ།།
ཡང་ན་ཚྭ་སྔ་བསྲེག་ཐལ་བཏབ།།
ཡང་ན་དངུལ་ཐལ་བཏབ་པ་ཡིན།།
རྨ་ཡི་ཤ་རོ་བྲེགས་ནས་བཙོད།།
རྗེས་སུ་སྟག་ཤ་ཡུ་གུ་ཤིང་།།
ཚྭ་ལ་དོམ་མཁྲིས་ཤའུ་གསོ།།
སྐལ་རྨ་ལང་ཤོར་སོང་བ་ན།།
དོམ་མཁྲིས་མཁྲིས་སྣ་ཁོག་ཏུ་སྐྱིན།།
ཛ་རྩ་ཡང་ཡང་གཏར་བས་ཕན།།
རྒྱུ་གྲོད་སྙིང་དུ་རྨ་བྱུང་ན།།
རྨ་ཁ་རྒྱུས་པས་དམ་པར་བཙེམ།།
དེའི་ཐོག་ཤིང་ལེབ་བཀབ་ལ་བཅིངས།།
གང་སྐྲངས་མགོ་ཕྱོགས་སྲིགས་དང་ཕུག།
ཁོག་སྐྱུང་ཁྲུང་ལྡེ་ཤིས་པ་ཡིན།།
ཕྱི་ཡི་པགས་པ་མ་རལ་ཀྱང་།།
ནང་ཤ་ཕུག་ན་ཡོར་པོར་འགྲོ།།
དེ་ལ་ཕྱི་བཙེམ་མི་དགོས་ཀྱང་།།
ཤིང་ལེབ་མེ་བཙའ་ཐུར་མ་དང་།།

ཁོག་སྤྲུང་ལ་སོགས་གོང་དང་འདྲ།།
རྒྱ་ཡི་ནད་ལ་རིགས་མང་ཡང་།།
དར་རྒྱ་དང་ནི་མཁལ་རྒྱ་གཉིས།།
སོག་པའི་རྒྱ་གསེར་རྒྱ་དང་གསུམ།།
སོག་ཁའི་གྲང་རྒྱ་རྣམ་བཞི་ལ།།
འགྲམས་འཁྲུགས་ཅན་གྱི་ནད་ཁུགས་ན།།
བཤལ་དང་དྲུད་དང་འཐེང་བ་ཡིན།།
དེ་ལ་ཐང་ཕྲོམ་ཕྱི་ཏང་ཀ།
མ་ནུ་ཙོ་དང་ལང་ཐང་ཙོ།།
ཡང་ན་ཆུ་སེར་སྨན་གསུམ་དང་།།
ཐར་ནུ་བྱང་པ་དཔྱི་མོང་རྣམས།།
ཕྱི་མ་སྙུམ་ནང་བཏུམས་པ་སྦྱར།།
སྤུ་རྩེ་ཕྱི་ནས་བྱུགས་པས་ཕན།།
མཁལ་རྒྱ་བཙུ་དྲུག་མདོ་གསང་དང་།།
ལྟེ་སྙིང་བརྒྱ་སུལ་མེ་བཙས་བསྲེག །
གཏར་ཁ་ཐུར་མ་སྐབས་དང་སྦྱོར།།
སྤོ་དང་མཚན་མ་སྐྲངས་པ་ནི།།
གྲང་ནད་སྨད་དུ་བབས་པ་ཡིན།།
ཕོ་ཁ་སྐྲངས་དང་ཁྲིག་པ་འོང་།།
སྔ་སྐྱེ་རྡོད་སྨན་རྒྱ་ཚ་རྣམས།།
ཞིབ་བཏགས་ཁོང་དུ་བཏང་བར་བྱ།།

མཚང་རའི་སྙིང་དུ་བྱ་བྲུན་གྱིས།།
དུགས་ཀྱིས་གསོ་ལ་དྲག་པོ་བཅག།
རྐོད་མའི་མཚན་མ་སྦྱོས་པ་དང་།།
སྦྲ་ཡང་ཤིན་ཏུ་སྐྲངས་པ་ལ།།
མེ་ཡིས་སྐོར་ཞིང་གཙག་བུས་བཙགས།།
ཡང་ན་ཕོ་མོའི་མཚན་མ་ལ།།
ཚ་རྗོ་སྨུམ་བཙོས་དུགས་བྱ་ཞིང་།།
སྐྲངས་པོ་ཆེ་ན་ཆུ་སེར་འདྲེན།།
མར་སྙིང་སྐོལ་བས་བྱུགས་པ་བྱེད།།
ནང་གི་དོན་ལྔ་སྣོད་དྲུག་ལ།།
སྙིང་ནི་རླུང་དང་ཆུ་སེར་ཡུལ།།
དེ་ལ་ནད་ཞུགས་འདར་ཞིང་འཁྱོམ།།
ཀླེ་སྐམ་སྐྱོང་ལ་རྩེ་ཚུགས་ནག།
དབུགས་ནི་ཐུང་ལ་མཇུག་མ་འཚུབ།།
སྨ་དང་ཆུ་ལ་མི་དད་དོ།།
དེ་ལ་ཧྣ་ཧི་སྙིང་ཚོ་ཤ།
རུ་ཧ་རུ་གང་ཨ་རུ་ར།།
ལི་ཤི་ཨུཏྤལ་ཏང་ཀུན་དང་།།
ཤྲཱ་ཙེ་རྣམས་ནི་བཏང་བར་བྱ།།
ཙེ་ཚུང་གཉིས་དང་མཐོང་ཀ་གཏར།།
གྲུ་ཁུག་སྙིང་གསང་མེ་བཙའ་བྱ།།

དེ་ཡིས་སྙིང་གི་ནད་རྣམས་སེལ།།
ཡང་གཅིག་ཧ་ཡི་སྙིང་ནད་ལ།།
ཁ་ཚོག་བྱེད་ཅིང་ལག་པས་རྫེག །
ཉལ་འགྲོ་མི་ཤེས་མཚན་དུ་ལྡི།།
རྒྱང་མིག་བྱེད་ཅིང་བར་སྣོང་བྱུང་།།
ཛ་མ་ཝང་པ་འཚུབ་པར་བྱེད།།
བཅོས་ནི་ཁ་མཚམས་གཉིས་པོ་བསྲེག །
ཏུ་ཐུང་སྐབ་ཙ་སྣ་དམར་གཏར།།
སྟོད་ཀྱི་ངན་པ་དགུ་ཐུབ་གཏར།།
དེ་ཡིས་ཕན་པར་འགྱུར་བ་ཡིན།།
སློ་བ་འབྲུགས་ཀྱི་ཡུལ་ཡིན་པས།།
དེ་ལ་ནད་ཞུགས་དབུགས་ཁ་རྒོད།།
སློ་མང་ལ་སོགས་ལུ་བ་དང་།།
བྱིའུ་ཚང་པས་བཙང་པ་འདྲ།།
དེ་ལ་ཙན་དན་གི་ཕྱེ་དང་།།
ཅུ་གང་གུར་གུམ་སྤྲོ་ལོ་དཀར།།
ཤིང་མངར་རྒྱུན་འབྲུམ་ལི་ག་དུར།།
ཏུ་ཧ་ཨ་ཀྲོང་གང་ཚོགས་རྣམས།།
སྦྲང་རྩིར་སྦྱར་ནས་ཐིག་ཏུ་གཏོང་།།
སློ་ཙ་བྱ་ཏུ་རྩེ་ཆེན་གཏར།།
སློ་གསང་རྣམས་ལ་མེ་བཙའ་བྱ།།

སྒྲོ་བ་རྩིབ་སྦྱར་བཙོས་པ་ལ། །
གྲོད་ནྲོན་ཤུས་བརྒྱངས་སྒྲོ་གསང་དུ། །
རྫིགས་ལ་སྒྲོ་རྩ་གཉིས་པོ་གཏར། །
ག་བུར་ཉེར་ལྔ་ཙན་དན་བརྒྱད། །
དཔའ་དུག་སྒྲོ་སྨན་སྡེབ་སྡེ་གཏོང་། །
དེ་ཡིས་སྒྲོ་བའི་ནད་རྣམས་སེལ། །
ཡང་གཅིག་སྒྲོ་བ་ན་ལུགས་ནི། །
སྣ་ནས་རྣག་འོང་སྒྲིག་སྐྱུག་བྱེད། །
པར་ཉལ་ཚུར་ཉལ་འདྲེ་ལྡོག་ནི། །
ཀུམ་ཀུམ་བྱེད་ཅིང་རྩ་འཕྲུམ་ཞིང་། །
མིག་ནི་ནག་ལ་རྣ་བ་ནག །
བཙོས་ནི་སྣེ་རྩ་གཏར་བ་དང་། །
ལག་ལེབ་རྩེ་ཚུང་གཏར་བར་བྱ། །
རྒྱུ་ལོང་སྒྲོ་སྣང་བསྲིག་པར་བྱ། །
ཨོ་ཁོང་ཁྲག་ནི་གཅིག་ལེན་བྱ། །
ཙན་དན་དཀར་དམར་ཨ་རུ་ར། །
ཤིང་མངར་སྤྲོ་ལོ་ལུག་མུར་བ། །
སྟག་ཤ་མིང་ཅན་སུམ་ཏིག་དང་། །
བ་ཤ་ཀ་དང་བྲག་སྐྱུ་ཏོ། །
ག་བུར་རྟོང་ལེན་ལི་ག་དུར། །
གུར་གུམ་སླ་རྩི་དམར་པོ་གསུམ། །

ཙུ་གང་སྦྱར་བས་སྒྲོ་ནད་སེལ། །
མཆིན་པ་ཁྲག་གི་རྒྱ་མཚོ་ལ། །
ནད་ཞུགས་མིག་ནག་མིག་ཆུ་མང་། །
ཁ་ཆུ་དང་ནི་འཕྲུན་རིང་འོང་། །
ཛོ་ཚུགས་ནག་ཅིང་ལུས་པོ་ལྕི། །
རྩ་ཆུ་གཉིས་ལ་མི་དད་དོ། །
དེ་ལ་གི་ཝཾ་གུར་གུམ་དང་། །
ཨུཏྤལ་ཏིག་ཏ་བ་ལེ་ཀ །
བ་ཤ་བྲག་ཞུན་གསེར་མེ་ཏོག །
ཀ་ར་སྦྱར་བ་ཐོག་ཏུ་གཏོང་། །
མཆིན་རྩ་ལག་ལེབ་ཏུ་ཐུང་གཏར། །
མཆིན་གསང་རྣམས་ལ་མེ་བཙའ་བྱ། །
དེ་ཡིས་མཆིན་པའི་ནད་རྣམས་སེལ། །
བཟང་དྲུག་གི་ཝཾ་བྲག་ཞུན་དང་། །
དོམ་མཁྲིས་གསེར་གྱི་མེ་ཏོག་སྤེལ། །
མཆིན་པའི་ནད་རྣམས་འཇོམས་པར་བྱེད། །
ར་མཆིན་གུར་གུམ་སེ་འབྲུ་དང་། །
བྲག་ཞུན་དབང་ལག་ཤུང་ཆེ་བ། །
ཨུཏྤལ་སྔོན་པོ་དང་བཅས་པ། །
མར་དཀར་སྦྱར་ནས་བཏང་བ་ན། །
མཆིན་པའི་ནད་སེལ་སྨན་གྱི་མཆོག །

མཆེར་པ་ཟས་འཇུའི་གཞི་ཡིན་པས། །
དེ་ལ་ནད་ཞུགས་དྲི་མ་སྐྱིགས། །
ལུས་པོ་སྐྱོང་ཞིང་འཁྲུན་པ་ཆེ། །
མས་མཆུ་འཕྱུང་ཞིང་བཙུམ་མི་ཤེས། །
ལྷག་པར་ལུས་ཤ་གཞོགས་གཡོན་སྦོས། །
དེ་ལ་གི་ཝཾ་ཀ་ཀོ་ལ། །
སུག་སྨེལ་སྤང་སྤོས་ནཱ་གེ་སར། །
གསེར་མེ་ཀ་ར་སྦྱར་ནས་གཏོང་། །
གཞོགས་གཡོན་དཔལ་རྩིབ་གཉིས་མཚམས་སུ། །
སྐལ་པ་ནས་ནི་སོར་བཞི་བཙལ། །
མཆེར་པའི་སྟེང་དུ་མེ་བཙའ་བསྲེག །
ལོང་རྩ་གཉིས་དང་མཆེར་རྩ་གཏར། །
དཔལ་བུས་ཆག་རན་དུས་སུ་བྱ། །
དེ་ཡིས་མཆེར་པའི་ནད་ཀུན་སེལ། །
ཡང་གཅིག་མཆེར་པ་ན་ལུགས་ནི། །
གཞོགས་གཡོན་ས་ལ་ཉལ་བར་བྱེད། །
ལག་པ་གཡོན་གྱིས་ས་ཡང་རྐོ། །
བཅོས་ནི་དང་པོར་ལོང་རྩ་གཏར། །
མཆེར་པའི་ཕྱི་གསང་གསུམ་པོ་བསྲེག །
གཡོན་གྱི་རུ་ཐུང་གཉིས་ཀྱི་སར། །
འཇལ་ནས་སྣ་ཐག་གང་ཡོད་དེ། །

དམ་པོར་བཟུང་ནས་མཆེར་པའི་ཁྲག །
ཁོང་དུ་བཏང་ནས་རྟ་ལ་ནི། །
ཕྱུག་ཚད་མཐོ་གང་འཁྲིང་མཛུབ་གང་། །
མཐའ་མར་མཁྲིད་གང་འདེབས་པར་བྱ། །
མཆེར་ནད་ཡོད་པའི་རྟགས་ལ་ནི། །
ནམ་ཕྱེད་འཚེར་ཞིང་རྩྭ་མི་བཟའ། །
དེ་གྲོས་བྱེད་ཅིང་ལོང་རྩ་སྔོམ། །
ལག་གཡོན་བརྐྱངས་ཤིང་མཆུ་གཉེར་ན། །
མཆེར་པའི་རྒྱབ་ནས་གྲམ་པ་ཡིན། །
ལོང་རྩ་གཏར་ནས་སྐྱི་སྣ་སྲིགས། །
མཆེར་པའི་ཕྱི་གསང་གསུམ་པོ་སྲིགས། །
རྒྱུ་འབྲད་བྱེད་ཅིང་མིག་དམར་ན། །
ལོང་ནད་ཁ་ཚོ་བྱ་བ་ཡིན། །
དང་པོ་ལོང་རྩ་གཏར་བར་བྱ། །
དེ་ནས་མཆེར་རྩ་འདེབས་པ་ཡིན། །
སྐྱི་སྣ་རྩིབ་ཕྲང་བར་དུ་སྲིགས། །
ཁོང་དུ་སླུག་ཕྲུར་མཐོ་གང་རྒྱབ། །
དེ་ཡིས་ཕན་པར་བཞེད་པ་ཡིན། །
མཁལ་མ་གྲང་བའི་རྒྱུ་པོ་ཡིན། །
དེ་ལ་ནད་ཞུགས་ལུས་པོ་ཆུང་། །
ཤ་ནི་ཆེ་ཆུང་འོང་བ་ཡིན། །

ན་བའི་ཕྱོགས་ཀྱི་རྣ་བ་བབས། །
ལག་རྗེས་རྐང་པའི་མི་ནོན་ཞིང་། །
རྐང་པ་ཤལ་ཅིང་ལུས་པོ་གཙུ། །
དེ་ལ་ཨ་རུ་སེང་ཁྲིམ་བཙོས། །
མཁལ་ཞོ་བྲག་ཞུན་ཤུག་ཚེར་ཅན། །
འབྲས་སྣ་གསུམ་དང་སྦྱར་ནས་གཏོང་། །
ཁ་རྩ་གཉིས་དང་མཐུག་རྩ་གཏར། །
མཁལ་མའི་གསང་ལ་མེ་བཙའ་བྱ། །
དེ་ཡིས་མཁལ་མའི་ནད་ལས་གྲོལ། །
ཡང་གཅིག་མཁལ་མའི་ན་ལུགས་ནི། །
ཕོག་སྣད་མི་ཐེག་ལྡེམ་ལྡེམ་བྱེད། །
རྣ་ནི་རྟོད་རྟོད་ཟ་འཚོལ་བྱེད། །
འགྲོ་མི་ཤེས་བཅས་མཁལ་ནད་རྣམས། །
བཙོས་ན་མཁལ་རྩ་གཏར་བར་བྱ། །
མཁལ་མཚམས་བྱེད་སར་བསྲེག་པར་བྱ། །
ཤུག་ལོ་དང་ནི་ཀྱི་ལྕེ་བ། །
མཁལ་མའི་སྙིང་དུ་ལུམས་བྱེད་དང་། །
དབང་པོ་ལག་པ་གོ་ཚོད་དང་། །
གཟེ་ར་ཐལ་རྡེར་ཤུག་ཚེར་ཅན། །
ལྕགས་ཕྱེ་སྐྱེར་བའི་བར་ཤུན་རྣམས། །
སྦྱར་བས་མཁལ་གླང་ནད་རྣམས་སེལ། །

རྒྱུ་ཡོང་སྐྱོད་ཀྱི་རྒྱལ་པོ་ཡིན།།
དེ་ལ་ནད་ཞུགས་ཛ་མ་འདེགས།།
ཚད་པ་འཆུས་ནས་ཉག་ཉག་བྱེད།།
ས་ལ་དོང་འདྲུ་སྣ་བུག་གྲང་།།
རུས་སྦུབས་སྙིང་དུ་མི་བཙའ་ནི།།
སྐར་མ་སྨིན་དྲུག་འདྲ་བ་བསྲེག །
སྨང་གཞུང་ལ་ཡང་མི་གསུམ་ཛེགས།།
ཁྱད་པར་དྲུག་མདོའི་གསང་མིག་ལ།།
མི་བཏབ་དེ་སྙིང་གཙགས་མདུང་གིས།།
སོར་བཞི་ཕུག་ལ་མར་ཁུ་བླུགས།།
མཐའ་ལ་བག་ཟན་སྐོར་ནས་ཞོག།
རྣ་བའི་རིང་ཐུང་ཚད་དེ་བཀུག།
ལྟེབ་ཐིག་དྲུག་གསང་སྙིང་དུ་ཞོག།
ཟུར་སྟེ་བཞི་ལ་མི་བཙའ་ཛེག །
དེ་ཡིས་སྨད་ནད་ཀུན་ལ་ཕན།།
ཁྱད་པར་རྒྱུ་ཡོང་གྲང་ནད་སེལ།།
རྒྱུ་འཁྲིལ་ཞེས་བྱ་འདྲེ་ལྷོག་མང་།།
ངལ་དུབ་རྟོགས་པའི་རྗེས་སུ་འོང་།།
ཁ་རུ་མར་ཁུ་ཕུལ་གང་སྟེར།།
ཁོང་གསུམ་བུལ་ཏོག་ཕུལ་གང་བདུག།
སུག་སྨེལ་སེངས་པོས་བྲན་པ་སྟེར།།

རྒྱུ་ཞབས་དགུག་པས་འདྲིལ་པ་བཤད།།
བརྟགས་ལ་ཕར་ཀྱིག་ཚུར་ཀྱིག་བྱེད།།
ལྷང་ཕུག་གྲང་བ་ཆུ་སྐྱུར་ལ།།
ནད་ཞུགས་ཆུ་སྲི་མཆིལ་མ་འཕྱིན།།
སུག་བཞི་འཚུབ་ཅིང་མཇུག་མ་བྲིལ།།
དེ་ལ་རྒྱ་ཚྭ་ལྩམ་འབྲུ་དང་།།
སྡིག་སྲིན་གསེར་བྱེ་གཡེར་མ་རྣམས།།
ཆང་དུ་སྦྱར་ལ་ཁོག་ཏུ་གཏོང་།།
སྨད་ནད་ཆུ་ཕུར་བཏང་བ་ལ།།
རྒྱ་ཚ་ཆུ་སྦྱར་ལྷང་ཕུག་སྐྱིལ།།
དེ་ཡིས་ལྷང་བའི་ནད་ལས་གྲོལ།།
ཡང་གཅིག་ལྷང་པ་ན་ལུགས་ནི།།
རུབ་ཚུགས་ཁྲི་འཛིན་འདུག་པ་ཡིན།།
དགོ་བོས་རིལ་མ་གཏོང་འདྲ་བཟང་།།
བཅོས་ནི་ལྷང་ཁ་བསྒྱུར་བ་ཡིན།།
སེན་མོ་བྲིགས་ལ་ཡོང་དུ་སྐོབས།།
ཕོ་ལྷང་མོ་ལྷང་གཡས་གཡོན་སྒྱུར།།
ཡོང་རྩ་གཏར་ལ་རྩི་མར་སྐྱིན།།
ཡང་གཅིག་གྲང་བའི་རྟགས་པ་ནི།།
སྐྱི་མདོག་དཀར་ཞིང་འབུར་བ་འོང་།།
དེ་ཉིད་ཕོ་ནས་ཤེས་པར་འགྱུར།།

གྲང་ཆུ་བསགས་ན་ལྡེ་བ་ཡི།།
ཁ་སྐོར་ཞབ་ཉོབ་འོང་བ་ཡིན།།
བཙོས་ནི་སྒྲོ་ནས་མར་སོར་ལྷུ།།
འཇལ་མཚམས་སྦོ་ཚུགས་སུམ་གྲམ་རྐྱབ།།
རྟ་ཟླིག་མགོ་ཡི་ཐད་ཆ་བས།།
ཆུ་རྒྱུད་སྐྲངས་པ་གཙགས་བུ་ཡིས།།
རྒྱབ་ཏེ་རྒྱུད་ཀྱི་གྲང་ནད་ནི།།
ཆུ་སེར་བཙིར་བས་ཞིན་ཏུ་ཕན།།
རྟ་ཡི་མ་མཆུའི་གྲང་ཧྲུང་རྩ།།
རྒྱས་ན་གྲང་ཧྲུང་ཡིན་པའི་སྨན།།
ཇྀ་ཧི་ཐུན་ལོག་གི་ཕྃ་དང་།།
ཨ་རུ་མཁལ་ཞོ་འབྲོང་ཤ་རྣམས།།
གསུམ་ཆ་ཨུ་སུ་འབྲད་བར་མ།།
ཉ་ཤ་རྒྱ་ཕབ་རན་ཙམ་སྦྱར།།
ཞིན་ཏུ་དྲི་ཐོན་ཙམ་སྦྱར་ཕན།།
རྟ་ཡི་རྩ་དཀར་བརྟག་ཐབས་ནི།།
ཁ་བཀྲའི་གཡས་གཡོན་རྩ་དཀར་གྱི།།
རྩ་གཉིས་གང་རུང་ཟིན་ཕྱོགས་ནས།།
རྒྱབ་ལ་རྩ་གཉིས་ཡོད་པ་གཅིག།
དཔྱི་རུས་འབུར་ན་ཕོ་རོག་གི།
ཚིགས་ཀྱི་ཕྱི་ལོག་ཟུག་པ་ཡིན།།

གཅིག་ནི་རྐང་པའི་ཕྱི་ངོས་ནས། །
སྲེ་ཡོང་ཚིགས་ལ་ཟླུག་པ་ཡོད། །
ལག་པས་ཉམས་ཀྱིས་བཙལ་བ་ན། །
རྒྱུས་པ་སྲ་ཞིང་བྲིང་ངེས་ཡོད། །
འགྲོ་ན་དེ་ཡིས་འཁྱིང་བ་དང་། །
ཟིན་ཕྱོགས་ཤ་ཡང་སྐྱོ་མོར་འགྱུར། །
རྟ་དཀར་གཉིས་ཀ་ཟིན་པ་བོ། །
དེ་མིན་གཅིག་སོགས་གང་ཟིན་ཡང་། །
ཟིན་པའི་ཕྱོགས་དེར་ཚུགས་བྱ་ཞིང་། །
ཚུགས་ནི་དཔྱི་རུས་འབུར་པོའི་སྟེང་། །
ཚུགས་ནི་གསུམ་སྒྲོམ་རྐང་དཀྱིལ་གྱི། །
ཚིགས་ཐོག་ཚུགས་ནི་བཞི་སྒྲོམ་རྒྱབ། །
རྟ་གཞུང་ཚུགས་གསུམ་ཡོང་ཚིགས་ཐོག །
ཚུགས་གཅིག་ཕོ་རོག་ཚིགས་ངོས་སུ། །
ཚུགས་གསུམ་འབུར་མཐུག་ཐོག་ཚུགས་གཅིག །
ཛ་འོག་འབུར་ལ་ཚུགས་གཅིག་བཅས། །
རྒྱབ་ཅིང་ཁྲག་ནི་ཕྱིན་མཐུག་གཏར། །
རྟ་སྐྱོན་ཆེ་བས་གཅོད་དགོས་སོ། །
ཛ་འོག་རྐྱང་པའི་རུས་འབུར་ནས། །
སྲེ་ཡོང་ཚིགས་སྟེང་སྨད་བར་ཚད། །
དེ་ཉིད་གཉིས་སྟེབ་དེ་ཡང་ནི། །

ཟ་འོག་འབྱུར་ནས་མར་ཚད་པའི།།
གང་དུ་སླེབས་པའི་ཚད་དེ་དང་།།
དཔྱི་རུས་འབྱུར་ནས་ཕོ་རོག་གི།
ཚོགས་སྟེང་ཚད་ལ་མ་ལྷེབ་བར།།
གར་སླེབས་མཚམས་ནས་གཙགས་བུ་ཡིས།།
དཀྱུས་ལ་གཞགས་ནས་རྒྱུས་པ་དེ།།
སྐྱེད་པས་དྲངས་ནས་ལྕགས་བསྒྲིག་གིས།།
བཅད་མཚམས་ཡར་མར་ཚུགས་རེ་སྐྱོབ།།
ཚུགས་གཞན་རྣམས་ནི་གོང་ལྟར་དགོས།།
སྨན་ནི་ཤ་ཏ་ཐུན་ཕོག་ལ།།
ཧྣོ་ཏི་བཞི་ཆར་ཨ་བར་གཉིས།།
སུམ་ཆ་རུ་ཧ་ཐུན་ཕྱེད་བྱ།།
ག་བུར་ལི་ཤི་དྲི་ཐོན་ཙམ།།
གུར་ཀུམ་སུག་སྨེལ་ཕུར་དཀར་གྱི།།
མེ་ཏོག་ཐུན་ཕྱེད་ཙནྡན་གཉིས།།
བ་ཤ་སྤྲི་ཡང་གསུམ་ཆ་བཅས།།
སྦྱར་བ་ཞོང་དུ་བཏང་བར་བྱ།།
རྨ་སྨན་ཞིབ་བཏགས་སྦྱར་བ་བཏབ།།
དེ་ཡིས་རྩ་དཀར་ནད་ལས་གྲོལ།།
ཧ་ལ་གཉན་གྱི་བཏག་བཅོས་ནི།།
ཁ་བཀྲའི་གཉན་རྩ་རྒྱུས་པ་དང་།།

ཀན་ཤ་ཀུན་ལ་ཆུ་འབུར་དོན།།
སྟོད་ཀྱི་རྩ་དང་ཁྱད་པར་དུ།།
ཁ་བཀྲའི་རྩ་རྣམས་ཤིན་ཏུ་རྒྱས།།
ཕོ་བའི་རྒྱུད་ལ་མར་སྐྱངས་ཤིང་།།
ཁོང་སྨན་སྐྱངས་སྟེང་གཙགས་བྱས་ཕུག།
མཐའ་སྐོར་ཟངས་ཚུགས་རིགས་པས་ཕན།།
གཞན་སྨན་ཆོས་ཉིད་བསུ་ཐབས་ནི།།
ཡུངས་དཀར་སྲང་གསུམ་བོང་ནག་སྲང་།།
ཕྱིད་དོ་ཁ་ཚར་ཤུག་ཚེར་དང་།།
དམར་གསུམ་སྡེབ་པའི་ཆོས་ཉིད་མ།།
ལྟོག་པ་ན་ལུགས་ཤ་རྩ་འདར།།
ལུས་ནི་སྟོད་སྨད་གང་ཉུང་ལ།།
བཙལ་བའི་ཐོག་ཏུ་སྐྱངས་བ་འབྱུང་།།
བཅོས་ནི་དུང་པོ་ཁོག་སྨན་གཏོང་།།
སྨིན་ན་སྐྱངས་སྟེང་བཞི་གྲམ་གྱི།།
གཤགས་ཧོ་ནང་དུ་ཟ་སྨན་བཏབ།།
སྨན་ནི་བོང་དཀར་སྐྱེར་ཤུན་དང་།།
བོང་ང་དཀར་དམར་ནག་ཐུན་ཕྱེད།།
ཨ་རུ་ཐུན་ལོག་ཅན་དན་གཉིས།།
དོམ་མཁྲིས་རྣམས་ནི་རན་ཙམ་བཏབ།།
ཀླུ་རྩི་གསུམ་ཆ་ཤུ་དག་ལ།།

དཀར་པོ་ཆིག་ཐུབ་སྣ་འདྲེ་སོགས། །
ཙུ་གང་དེ་རྣམས་སྦྲང་དང་སྦྱར། །
རིལ་བུ་སྲུན་དཀར་ཅམ་དྲུག་སྟེ། །
ཐུན་རེའི་ཚད་དུ་བྱས་ནས་གཏོང་། །
རྨ་སྨན་མཁྲིས་འདུས་ཐུན་ཡོག་ལ། །
མུ་ཟི་སེར་ནག་ཀྱུ་ཙྭ་དང་། །
རྫ་རྒྱུས་མཚལ་རྒོད་གཙོ་བོའི་ཕྱེད། །
འབྲུག་ཅུས་སེར་ཐལ་གསུམ་ཆ་སྦྱར། །

ཞེས་རྟ་དཔྱད་མཐོང་བ་ཀུན་གསལ་མེ་ལོང་ལས། ཕྱི་ནང་གི་གནས་དང་སྦྱར་ཏེ་བཅོས་པའི་ལེའུ་སྟེ་ཉེར་ལྔ་པའོ། །

༢༦ རྟ་ནད་ཐོར་བུ་བཅོས་ཐབས།

དེ་ནས་རྟ་ནད་ཐོར་བུ་ལ། །
ལྷང་ཞུགས་པ་ན་མགོ་འཕང་དམའ། །
སྣ་ཆུ་འོང་ཞིང་ལུས་པོ་འདར། །
འཛོག་ཅིང་ཟ་བ་མི་ཐྲིམ་ན། །
ལྷག་མདུད་སྨུམ་སྲིགས་དུགས་ཀྱིས་བདུག །
རྩྭ་ཏི་ཤིང་ཀུན་སྒ་སྐྱེ་དང་། །
དྲོད་སྨན་ཅུས་གདུས་ཁུ་བ་སྦྱར། །
ཁོག་ཏུ་བཏང་བས་ཕན་པ་ཡིན། །
རྟ་ནད་སྨྱུར་པོ་ཞེས་བྱ་བ། །
ང་ཚུགས་ནག་ཅིང་མགོ་འཕང་དམའ། །

མཇིང་པ་མི་གུག་ལག་པ་རྐྱོང་།།
སྙིང་དཀྱིལ་ཆུ་སེར་ཡོད་པའི་རྟགས།།
དེ་ལ་ཙན་དན་དཀར་པོ་དང་།།
ཛཱ་ཏི་ཤིང་ཀུ་སྐྱོལ་ལ་གཏོང་།།
སྙིང་གསང་སྲིགས་ཤིང་དབྱེ་བ་དང་།།
བཟང་པོ་དྲུག་ལ་ཐུན་པོ་གསུམ།།
ཙུ་གང་ཁ་ཆེ་རེ་རེ་ལ།།
ལི་ཤི་སུག་སྨེལ་ཐུན་གཅིག་ལ།།
ཛཱ་ཏི་ཀོ་ལ་ཐུན་པོ་གཅིག།
དེ་སྟེང་སྙིང་ཞོ་ཤིང་ཀུན་བསྣན།།
སྙིང་གི་ནད་ཀུན་འཇོམས་པར་བྱེད།།
ཡོང་ནད་མཁལ་གཟེར་བསྐོངས་པ་ན།།
ཉལ་ལངས་བྱེད་ཅིང་ཟིད་པ་ཡིས།།
ཉག་ཉག་སྒུར་སྒུར་རེས་མོས་བྱེད།།
དེ་ལ་ཙྭ་དང་སླ་རྩི་སྦྱིན།།
ལ་ཆ་འབའ་ཆ་ཁྲི་ལུད་དང་།།
སྤྲངས་སྐམ་རྣམས་ཀྱི་དུད་པ་བདུག།
ཡོང་འགག་ཁྲ་བཤད་འདྲེ་ལྡོག་བྱེད།།
རྐྱེན་ནི་ཡུར་མའི་དུས་སུ་ནི།།
རམ་པ་ལ་སོགས་ལྟུམ་བུའི་རིགས།།
ཉེ་མས་རྙིད་པ་ཟོས་པས་བྱུང་།།

དེ་ལ་དུར་བྱེད་ལྷུམ་རྩ་དང་། །
དན་རོག་རམ་དང་བྲུལ་ཏོག་སྦྱིན། །
སྤྲངས་མ་ཐོན་ན་ལག་པར་མར། །
བྱུགས་ལ་ནང་དུ་བསྐབས་ནས་དྲུས། །
ཐོ་མཚན་རླིག་པ་སྐྲངས་གྱུར་ན། །
ར་ཚིལ་ཕག་ཚིལ་གསུར་གྱིས་བདུག །
ཚུ་རྗེ་སྨུམ་བྱུགས་མེ་ལ་བསྲོས། །
ལྷན་པར་གྲིལ་ནས་དུགས་བྱས་ཕན། །
གཙགས་བུས་ཆུ་སེར་འདྲེན་ངེས་བཙིར། །
མཚང་རེའི་སྙིང་དུ་བྱ་བྲུན་རྣམས། །
སླང་ར་སེངས་ཕོས་བསྲོས་ལ་བདུག །
གྲུ་མདོར་མེ་ཐུར་སྨུམ་དུགས་བྱ། །
རྐོད་མའི་མཚན་མ་སྦོས་པ་དང་། །
སྦོ་ཡང་ཤིན་ཏུ་སྐྲངས་པ་ལ། །
མེ་ཡིས་བསྐོར་ཞིང་གཙག་བུས་གཙགས། །
ཡང་ན་ཕོ་མོའི་མཚན་མ་ལ། །
ཚུ་སྨུམ་བཙོས་པས་བྱུག་བྱ་ཞིང་། །
སྐྲངས་པོ་ཆེ་ན་ཆུ་སེར་འདྲེན། །
མར་རྙིང་བསྐོལ་བས་བྱུག་པ་བྱེད། །
ཏ་ལ་ཕྱུགས་ཀྱིས་བརྟུང་གྱུར་ནས། །
རྒྱུ་ལོང་མ་རལ་ཕྱིར་ལུག་ན། །

གནའ་རྒྱལ་བསྐྱིལ་ནས་ཆུ་འཛམ་བགྲུས།།
ནང་དུ་ལག་པ་བཙུག་ནས་ནི།།
དོམ་མཁྲིས་སླ་རྩི་ཆུ་ཡིས་བྱུག །
དར་གྱི་བཙེམས་ལ་རྨ་དར་བཀབ།།
ཤིང་ལེབ་སྦྱར་ལ་རྐེད་འཆིང་བྱ།།
རྨ་སྐོར་སེམས་མནན་ཁྲུང་ལྷ་སྦྱིན།།
ཁྲི་སྟེང་འཛོག་ལ་ཆུ་རྫ་སྟེར།།
དེ་ཡིས་རྒྱུ་ལུག་ནད་ལས་གྲོལ།།
ཡང་གཅིག་ཕྱུགས་ཀྱིས་བརྡུངས་གྱུར་ནས།།
ཡོང་མ་ཕུག་ན་མ་འཆི་ཞིང་།།
རྒྱུ་མ་མ་སྣད་ཆུ་འཛམ་བསྲོས།།
ལེགས་པར་བགྲུས་ལ་རྒྱུ་དོན་པ།།
ནང་དུ་བཙུག་ལ་གནའ་རྒྱལ་སྐྱིལ།།
སུག་བཞི་བཟུང་ལ་དར་སྐུད་ཀྱིས།།
ལེགས་པར་བཙེམས་ནས་ཛ་སྨུམ་གྱིས།།
དུགས་བྱེད་གཞན་གྱིས་བརྡུངས་བ་ལ།།
རྨ་ཁར་དོམ་མཁྲིས་སླ་རྩི་རྣམས།།
བཏབ་སྟེ་ཆུ་ཡིས་ལེགས་པར་བགྲུས།།
རྨ་ཁ་མེ་ཡིས་བསྐོར་ནས་ཞོག །
ཁྲུང་ལྷ་མིང་ཅན་ལྕུགས་ཀྱུ་མ།།
སྡུག་ཚེར་རེ་རལ་དྲེས་མའི་རྩ།།

སྟོང་ཟེལ་ཤ་འཛིན་སྟག་ཤ་བ། །
གྲི་ཡིང་ཁ་ལ་རི་གཙོད་དང་། །
ཙན་དན་མཛོ་ཤིང་བ་ཤ་ག །
ཧོང་ལེན་སྦྱར་བས་རྨ་ཚད་སེལ། །
ཧ་ལ་ཁྲི་སྨྱོན་རྨུགས་གྱུར་ན། །
རྨ་ཁ་སླ་རྩི་ཆུ་ཡིས་བཀྲུས། །
ཁོག་ཏུ་ཨ་རུ་ མུ་ཟི་ནག །
ཤིང་ཀུན་ཤུ་དག་བྱ་རྒོད་སྤོས། །
སྟག་ཤ་སྐྱེར་པའི་འབྲས་བུ་རྣམས། །
ཁྲི་སྨྱོན་སྤུ་གཞོབ་སྦྱར་ལ་གཏོང་། །
སྙིང་རྩ་གམ་རྩ་གཏར་བར་བྱ། །
ཡང་ན་སྲོག་འཛིན་བརྒྱུད་པས་ཕན། །
ཧ་ལ་སྲད་མའི་འབྲུ་ལངས་ན། །
མགོ་འཕང་མཐོ་ཞིང་གྱོལ་པོར་འགྲོ། །
མི་ལ་སོ་རྒྱག་སྨྱོ་སྤྱོད་བྱེད། །
སྤྲངས་ནི་རྐྱང་སྤྲངས་ལྟ་བུར་འགྲོ། །
དེ་ལ་རྣ་བའི་རྒྱབ་རྩ་གཏར། །
མིག་ཏུ་རྒྱབ་རྩ་གཏར་ཞིང་བསྲེག །
སྤྱི་བོའི་ཏུས་པ་ཙོག་ཙོག་ནས། །
སོར་བཞི་འཇལ་ལ་སོར་གྱིས་ཕུག །
ཀླད་རྒྱབ་བར་ལ་ཆུ་སེར་དང་། །

སྲིད་མའི་འབྲུ་མང་ཡོད་པ་འདོན།།
དཔལ་བའི་དཀྱིལ་དུ་རྒྱ་གྲམ་བསྒྲེག །
རྩེ་ཆུང་ཐོང་རྩ་གཏར་ན་ཕན།།
རྟ་ཆམ་ཡོག་ཏིར་གྱུར་པ་ན།།
ཡོག་མ་སྐྲངས་ཤིང་སྐྱེའུ་རིང་།།
སྙོ་འབྲུན་སྣ་རྣག་འོང་བ་ལ།།
ཁྱུང་ལྕེ་སྲོ་ལོ་སྦྱར་བ་གཏོང་།།
སྨན་ཆེན་ཤུ་དག་སྣ་སྐྱེ་དང་།།
དན་རོག་སླང་ཅུས་སྦྱར་ལ་བྱུགས།།
སྐྲངས་ན་མེས་མནན་སྨིན་ན་རྟོལ།།
བྱུག་སྨན་སྨུམ་བསྲེག་དུགས་ཀྱིས་བདུག །
སྨན་ནི་ག་སྟ་ག་རི་དང་།།
བ་ལེ་ཨ་གྲོང་ཐུན་ཡོག་ལ།།
སེ་རྒོད་འོམ་བུ་དབང་ལག་དང་།།
རེ་རལ་རྣམས་ནི་གསུམ་ཆ་སྦྱར།།
བཏང་བ་ཡོག་ཏིའི་སྨན་མཆོག་ཡིན།།
རྟ་ལ་ཆུ་ཁྲིས་རྒྱུགས་གྱུར་ན།།
སྲོ་སོགས་གང་རྒྱུགས་སྐྲངས་པ་འོང་།།
དེ་ལ་སླ་རྩེ་ཤུ་དག་དང་།།
ཁྲིས་པའི་ཆུ་སྦྱར་སྐྲངས་ལ་བྱུགས།།
ཁོག་ཏུ་ཐར་ནུ་རེ་ལྕུག་དང་།།

སྤྱུ་ནག་ཨ་རུ་ཚུ་སྤྱུར་གཏོང་།།
ཡང་ན་ཁྲུང་ལྕུ་སྤྲི་ལྷར་གཏོང་།།
ཚུ་བྲིའི་རོ་དང་སྦར་མོས་འབྲད།།
དངུལ་དཀར་འབྲུད་དང་སྦྲོན་གྱིས་བདུག།
གང་ཉེ་གཏར་བསྲེག་སྐབས་དང་སྦྱོར།།
ཚུ་བྲིས་རྒྱུགས་ཏེ་སྐྲངས་པའི་མཐར།།
བཙག་གི་རི་གོས་བསྐོར་བར་བྱ།།
རྟ་ནད་རང་བཞིན་སྦོ་སྐྲངས་ཀྱི།།
གྲང་ནད་སྨད་དུ་བབས་གྱུར་ན།།
མཁལ་ཞོ་རྒྱ་ཚྭ་སྣ་སྐྱུ་དང་།།
རྡོད་སྨན་ལྕུམ་འབྲུ་སྦྱར་ལ་གཏོང་།།
མཚང་རའི་སྟེང་དུ་བྱ་སྦྲུན་ནམ།།
སླ་རིལ་བཙོས་པའི་དུགས་ཀྱིས་བདུག།
ར་ཚིལ་དུགས་བདུག་ཚུ་སེར་བཙག།
མ་ཕན་དྲུག་མདོར་ཕྱུར་མ་རྗེགས།།
སྐུམ་གྱིས་བཀང་པས་ངེས་པར་ཕན།།
རྟ་ལ་རྒྱུ་ཚུ་ཞུགས་གྱུར་ན།།
འགྲོ་འཁྲིས་སྟོད་ཅིང་རྟུལ་ཁ་སྙེ།།
སུག་བཞི་སྐྲངས་ཤིང་ཁ་སྤུ་འཕྲི།།
དེ་ལ་རྒྱ་ཚ་ལྕུམ་འབྲུ་དང་།།
སྟེག་སྲིན་གཟེ་མ་ཚང་སྦྱར་བླུད།།

གསང་གསུམ་བསྲེག་ཅིང་སྨུམ་གྱིས་བདུག །
རྟ་ཡི་བྱེར་ནད་བརྟག་པ་ནི། །
ཀན་ཤ་བྱེར་ནད་ལྷུག་ལྷུག་འོང་། །
ཀན་སྟེང་ཁ་ཤ་འཐེན་པ་དང་། །
མ་འབྱུར་བྱེར་ནད་ཡོད་པའི་རྟགས། །
དཔུང་སོག་སྟེང་དུ་མཛུབ་མོ་ཡིས། །
གཏུག་གཏུག་བྱས་ན་ན་ཚ་གཏོང་། །
དེ་ལ་བཅོས་ཐབས་སྟོད་བྱེར་ན། །
ཚུགས་གསང་སོག་རྩེར་ཚུགས་གསུམ་གྲམ། །
ལ་དཀར་དང་འདྲ་དཔུང་དཀར་སྟེང་། །
སྤུས་སྟེང་ཚུགས་རེ་གཡས་གཡོན་དུ། །
བསྲོམས་པས་བཙུ་རུ་ཐོར་ཐོར་ཕྱུག །
སྨད་བྱེར་གཟེ་སྤུ་མཚམས་ནས་མར། །
འཇལ་བའི་མཛུབ་རེའི་མཚམས་སུ་ནི། །
གཙག་རེ་བརྒྱབ་པས་གསུམ་བྱུང་ལ། །
དེ་ནས་ཀང་དཀྱིལ་སྦོ་ཚུགས་གཅིག །
སྲི་ལོང་གཙག་གཅིག་གཡས་གཡོན་དུ། །
བསྲོམས་པས་བཙུ་རུ་བརྒྱབ་པ་ཡིན། །
བྱེར་གསང་ལག་པའི་པགས་པ་འཐེན། །
ཤ་མ་སྨད་པར་ཐོར་ཐོར་ཕྱུག །
རྗེ་འཇམ་ལག་པས་ཡང་ཡང་བྱུགས། །

གྲོ་ཞིབ་སྐྱོ་མས་ཁེབས་བར་གཡོག།
དེ་ཡིས་བྱེར་ནད་གནས་སུ་སྦྱོར།།
བྱེར་བཅོས་འདི་ལ་མང་བྱེད་ཀྱང་།།
དཔྲལ་བའི་གཟེ་མཚམས་ཟ་མའི་རྩེར།།
གཙགས་རེ་བཙུགས་ཅིང་དཔྱང་པའི་སོག།
རྟ་ཅང་གོར་ན་སོག་མཚམས་སྐོར།།
དེ་མིན་གང་བྱུང་བཙུགས་པ་ན།།
སྨུ་མཚན་འབྱུང་བར་གཅེས་པར་བྱ།།
བྱེར་སྨན་སེང་ལྡེང་ཙན་དན་དཀར།།
གུར་གུམ་ཅུ་སེའི་འབྲས་བུ་དང་།།
ལུག་མུར་ཐང་ཕྲོམ་བོང་ང་དམར།།
བོང་ནག་རྒྱ་རུ་རུ་རྟ་དང་།།
སྦྲང་དཀར་བ་རུ་ཆ་རྣམས་སྦྱར།།
རྟ་ལ་མོ་ནད་ཞུགས་གྱུར་ན།།
མགོ་སྐྲངས་གསོ་ཉི་ངན་པ་དང་།།
མངལ་ནས་ཆུ་སེར་འབུ་ཆུང་འོང་།།
དེ་ལ་བུལ་ཏོག་གུར་གུམ་སྣ།།
བུ་རམ་སྦྱར་བ་ཆང་ལ་སྦྱར།།
གྲོད་པར་ཀླུགས་ལ་སྟུག་སྦུབས་བཙུག།
བུ་སྡོད་སྒོ་བ་བརྒྱངས་ལྟར་བྱེད།།
ཁོང་དུ་སྣ་སྐྱུ་རྡོད་སྨན་སྦྱིན།།

དེ་ཡིས་ངེས་པར་ཕན་པ་ཡིན།།
རྐོད་མ་རྟེའུ་མི་འཛིན་ཞིང་།།
སོ་རྗེས་སྨད་སྤུ་ཡོག་པ་དང་།།
མཛིང་པའི་ཁྲུག་གི་ཚོགས་པ་འབུར།།
རྐྱེན་ནི་གམ་འཁྲུགས་ཤུལ་དུ་འོང་།།
དེ་ལ་རྩ་བྲན་ཐམས་ཅད་གཏར།།
རྩིབ་མའི་མགོ་བར་ཙ་ལུས་ཤད།།
བྱ་ལེའི་འོག་གི་ཐ་རྩ་གཅོད།།
རྗེ་རིལ་ཧྲ་སྤྲངས་ཙམ་ཞིག་བསྲེག །
ཕྱིང་ཁྲུག་ཆུ་སྤྲང་ནང་དུ་བཙུག།
མངལ་ནང་འཛིན་ནས་དྲོད་ཀྱིས་བསྐྱོ།།
དྲེག་པ་ནག་པོ་ཕྱིང་པས་ཕྱིས།།
རྩ་བ་ལྡཱ་ཡི་སྨན་མར་སྦྱིན།།
དེ་ཡིས་རྟེའུ་འཛིན་པར་ནུས།།
རྐོད་མའི་རྟེའུ་ཤོར་དོགས་ན།།
ཁོང་དུ་དྲོད་སྨན་ཕབ་ཟན་ཕྱེད།།
ཟན་ཆང་གང་ཙུང་སྟེར་བ་དང་།།
རྐྱལ་མ་སྐམ་པར་སྐ་མི་འབེབས།།
ཆུ་འཁྱག་མི་ཁྱུད་ཁེབས་ཀྱིས་བཀབ།།
མཇུག་རྩ་སྐྲད་པས་བསྡམས་ནས་ཞོག །
དེ་ཡིས་རྟེའུ་འཚོར་མི་སྲིད།།

ཀློད་མའི་རྟེའུ་མ་ཐོན་པར།།
ཀང་པ་སྔོན་ལ་བྱུང་གྱུར་ན།།
མགོ་བོ་ཕྱུར་ལ་སྔོན་ནས་སྐྱེལ།།
ཀང་ལག་གཡས་གཡོན་བཞི་སྒྲིག་རྒྱབ།།
ཡང་ཡང་གཡས་ནས་མགོ་གྱེན་གཏོང་།།
སླང་བས་རྟེའུ་ཐོན་པར་གྱུར།།
མ་ཐོན་ལག་པར་མར་གྱིས་བྱུགས།།
རྟེའུ་ཁོག་སྐོར་མགོ་ནས་འཛིན།།
དལ་བུས་བཏོན་ན་འགྲིག་པའོ།།

ཞེས་རྟ་དཔྱད་མཐོང་བ་ཀུན་གསལ་མེ་ལོང་ལས། རྟ་ནད་ཐོར་བུ་བཅོས་པའི་ལེའུ་སྟེ་ཉེར་དྲུག་པའོ།།

༡༠ བྲོ་གཅོད་ཁྲམ་བཅོས་བསྟན་པ།

དེ་ནས་བྲོ་གཅོད་མན་ངག་བསྟན།།
དེ་ལ་དབང་དྲག་དབང་ཆུང་གཉིས།།
དམར་ཆེན་དང་ནི་དམར་ཆུང་གཉིས།།
སླུག་གཅོད་དང་ནི་འགོ་གཅོད་གཉིས།།
འཐོག་གཅོད་ལུགས་དང་བདུན་དུ་འདོད།།
དབང་དྲག་འབྲས་བུ་ཕྱེད་ཕྱེད་གཤག།
བྲོ་ཐག་འདོགས་པའི་ལུགས་དང་གཅིག།
དམར་ཆུང་འབྲས་བུ་ཕྱེད་བཅད་ནས།།
བྲོ་ཐག་འདོགས་པའི་ལུགས་དང་གསུམ།།

སྣུག་གཅོད་རྩ་ཐག་སྣུག་མས་སྡོམ།།
འབྲས་བུ་གཅོད་པའི་ལུགས་དང་བཞི།།
འགོ་སྟོད་འབྲས་བུ་གཉིས་འཆིང་ཞིང་།།
བྱ་ཐག་སྡོམ་བའི་ལུགས་དང་ལྔ།།
འཐོག་གཅོད་འབྲས་བུ་པགས་པ་བཅས།།
བྱ་ཐག་སྡོམ་པའི་ལུགས་དང་དྲུག།
བདུན་པ་བཅད་ཚོག་དབང་སྐྱེ་ཡིན།།
དེ་ལ་རྙིག་པ་དམ་དུ་སྡོམ།།
དེ་ནས་པགས་པའི་སྐང་གཉིས་གཞོགས།།
བྱ་ཐག་སྡོམ་ལ་མི་ཡིས་གཅོད།།
འགྲིག་རྩ་མི་ཕུག་པ་དང་གཅིག།
འགྲིག་རྩ་འོ་མ་ཁ་དང་གཉིས།།
འགྲིག་རྩ་སྒང་པོའི་སྣ་དང་གསུམ།།
འགྲིག་རྩ་རྙིག་ཆུང་དག་དང་བཞི།།
དེ་རྣམས་ངེས་མེད་ཟུར་དུ་བོར།།
ཁོང་རྩ་ནག་པོ་སྒྲིག་རྩ་ཡིན།།
དེ་ནས་ཁོང་ཁྲག་དོན་མི་རུང་།།
རྩ་སྒོ་མི་ཚུགས་ནན་གྱིས་སྡོམས།།
ཆུ་གཟེར་སྐྲངས་པ་གང་བྱུང་གཅག །
ཁོང་དུ་ག་བུར་སླ་སྒེ་དང་།།
སྡུག་ཤ་དོམ་མཁྲིས་སྦྱར་ནས་གཏོང་།།

དེ་ནས་བྱ་ཞག་གཉིས་པ་ལ།།
ཡོང་རྩ་གཡོན་པ་གཏར་བར་བྱ།།
དེ་བཞིན་ཞག་རེར་རིམ་པ་བཞིན།།
ཡོང་རྩ་གཡས་དང་ཛ་རྩ་དབུས།།
རིམ་བཞིན་གཏར་བས་བདུན་ཕྲག་རྫོགས།།
བྱ་ནད་ཞག་གྲམ་ཡོག་གནོན་གཟབ།།
གལ་ཏེ་ཞག་པོ་གཉིས་པར་གྲམ།།
རྒྱུ་གྲམ་ཡིན་པས་རྒྱུ་ཡོང་འཁྲིག །
རྒྱུ་ཡོང་ལྟེབ་སླམ་བྱེད་ཀྱིན་སྡོད།།
རྒྱུ་ཡོང་སྙིང་དུ་མེ་བཙའ་ནི།།
སྐར་མ་སྨིན་དྲུག་ལྷ་བུར་བསྲེག །
རྒྱུ་རྩ་གཉིས་པོ་གཏར་བ་དང་།།
ཁྲི་ལུད་ཁྲི་ཁུང་ཚང་ས་བདུག །
བྱ་ཞག་གསུམ་པར་གྲམ་གྱུར་ན།།
གློ་གྲམ་གློ་མང་སུབ་སུབ་འདུ།།
གློ་གོང་སྙིང་དུ་མེ་བཙའ་གདབ།།
གློ་རྩ་གཉིས་པོ་གཏར་བས་ཕན།།
བྱ་ཞག་བཞི་པར་གྲམ་པ་ན།།
མཆིན་གྲམ་མིག་དམར་མཆིན་སྙིང་དུ།།
མི་བྲུན་བདུག་ཅིང་ཏུ་ཕྲུང་གཏར།།
ཕན་དཀའ་མཆིན་རྩ་བྱ་ཏུ་གཏར།།

བྱ་ཞག་ལྔ་པར་གྲམ་སྒྱུར་ན།།
མཁལ་གྲམ་ཡིན་པས་རྣ་ཅོག་ཆག།
སྤྲུ་གྲ་ལོག་ཅིང་ཁོག་པ་སྐྱོང་།།
ཀློག་པའི་ཕྱོགས་བཞིར་ཚོན་གང་དང་།།
ཚོགས་བ་བཅུ་གཅིག་གཡས་གཡོན་སྲིགས།།
བྱ་ཞག་དྲུག་པར་གྲམ་སྒྱུར་ན།།
མཆེར་གྲམ་ཡིན་པས་མ་མཆུ་འཕྱང་།།
དྲི་མ་སྐྱིགས་ན་མཆེར་སྙེང་སྲིགས།།
མཆེར་རྩ་ད་ཏུ་གཏར་བར་བྱ།།
བྱ་ཞག་བདུན་པར་གྲམ་པ་ན།།
སྙིང་གྲམ་ཡིན་པས་ལྕེ་མདོག་སྨྱུ།།
ལྕེ་གཞུང་ནག་ཤུར་འོང་བ་ཡིན།།
དེ་ལ་སྙིང་གསང་ཁྱུག་གཞུང་བསྲིག །
རྩེ་ཚུང་སྤྱ་མའི་ཟུར་རྩ་གཏར།།
དེ་ཡིས་བྱ་གྲམ་ཞི་བར་ནུས།།
གཞན་གྱིས་མ་ཐུབ་འགྲོས་གསུམ་ཡོད།།
དང་པོ་བཙན་གྱིས་རལ་གྲམ་ཡིན།།
སྙིང་པགས་རལ་བས་དབུགས་མི་བདེ།།
ལྕེ་སྨྱུ་གཞུང་དུ་ནག་ཤུར་ཡོད།།
དེ་ལ་སྙིང་གསང་གཡས་གཡོན་བསྲིག །
སྙིང་རྩ་གཏར་བས་ཕན་ཞེས་ཟེར།།

གཉིས་པ་གཉན་གྱི་རལ་གྲམ་ནི། །
རྨིག་པའི་སྤུ་མཚམས་ཆུ་སེར་འོང་། །
ཕྱིར་ན་ར་ཁ་དཔྱིག་དཔྱིག་ཟེར། །
རྨིག་པའི་གདོང་དང་ཟུར་གསང་གཏར། །
བཙུ་དྲུག་མདོ་གསང་བསྲེག་ཅིང་གཙོག །
བྲ་བའི་རིལ་མ་སྦྱུང་གིའི་བྲུན། །
དུགས་བྱ་དུད་པ་བདུག་ན་ཕན། །
གསུམ་པ་མགོ་རུས་ལྐད་གྲམ་ནི། །
མིག་རྩ་སྐྲངས་ལ་མདུན་དུ་ཕུབ། །
དེ་ལ་སྤྱི་བོའི་ཏོག་ཏོག་དང་། །
ཕྱོགས་བཞིར་སོར་བཞི་བཙལ་ནས་བསྲེག །
ལྐད་པའི་རྒྱབ་རྩ་བྱ་རུ་གཏར། །
ལོ་གཅིག་འཕོར་ནས་བྱ་སྐམ་ཞིས། །
ལུས་ཀུན་སྐམ་དང་མིག་ནད་འབྱུང་། །
དེ་ལ་མཁན་པའི་དུད་པ་བདུག །
རྩེ་ཆེན་སྒྲོ་རྩ་སྙིང་རྩ་གཏར། །
ཆུ་བོའི་ཁྲོད་དུ་ཐེངས་གཅིག་བོར། །
ཆུ་འགག་པ་དང་ཆུ་ཤོར་གཉིས། །
དེ་ལ་དཔུང་པ་དམ་དུ་བཀྱིག །
སྒྲོག་ཏུ་འཛུག་ལ་གྱེན་དུ་འཁྱིར། །
ཧྲུལ་ཐོན་བྱུང་ན་ཆུ་ནད་གྲོལ། །

མཐིལ་དུ་ཐོར་ན་འཐིལ་ནས་འདྲུ། །
ཁྲག་རྣག་ཆུ་སེར་བཏོན་པས་འཚོ། །
སྨད་ཀྱི་ཛ་རྩ་གཏར་ཞིང་བསྲེག །

ཞེས་རྟ་དཔྱད་མཐོང་བ་ཀུན་གསལ་མེ་ལོང་ལས། བྱ་གཙོད་གྲུམ་བཅོས་བསྟན་པའི་ལེའུ་སྟེ་ཉེར་བདུན་པའོ། །

༢༧ གཏར་དཔྱད་བསྟན་པ།

ད་ནི་གཏར་བསྲེག་དཔྱད་པ་ལ། །
དང་པོ་གཙུགས་བུའི་མཚན་ཉིད་ནི། །
ལྕགས་བཟང་རྣམ་པ་ལྔ་དག་ལ། །
མགར་བ་མཁས་པས་བརྡུང་བྱས་ལ། །
དཔལ་བའི་སྟེང་དུ་སྣ་གྲི་ཁ། །
རྩ་ཆུང་ཚོགས་སྦུབས་ལག་ངར་ལ། །
བྱེའུའི་མཇུག་སྒྲོ་འདྲ་བ་དགོས། །
རྩེ་མོ་རྡོ་ལ་རལ་གྲིའི་གཟུགས། །
སྐྱི་ཡི་གཙུགས་དཔྱད་འདི་ལྟ་བུར། །
ལྕགས་མདོག་ཨུཏྤལ་སྔོན་པོ་འདྲ། །
གྲེན་དུ་བསླངས་ན་མེ་འབར་འདྲ། །
རྩེ་བཞིན་ལྟག་པར་ལྷད་མེད་པར། །
ནམ་ཟླ་སྟོན་གྱི་གངས་ཆུ་ཡིས། །
ངར་ནི་ཆ་ཚད་ལྡན་པ་གཏོང་། །
རྩིད་ཤད་དཀར་པོ་ཐྲེངས་པ་བཅད། །

འཛམ་ཕྱིར་ཉ་ཡི་ཤ་ལ་བརྡར།།
དེ་ལྟར་བྱས་པའི་གཙགས་བུ་དེ།།
སོར་བརྒྱད་ཡུ་བའི་དཀྱིལ་ནས་བཟུང་།།
རྟ་མདུད་སྟེང་དུ་གཏར་མི་བྱ།།
ཚུ་རྒྱུས་སྟེང་དུ་གཏར་མི་བྱ།།
འཕར་བའི་རྩ་ལ་གཏར་མི་བྱ།།
ཁྲག་རྩ་བདུན་བཅུ་དོན་བདུན་ཏེ།།
རྣ་ཅོག་རང་ལ་གཉིས་གཉིས་བཞི།།
རྣ་བའི་རྒྱབ་རྩ་རྣ་རྩ་དང་།།
རྣ་ཟུ་མིག་རྩ་ཨོག་རྨན་དང་།།
བྱ་ཟུ་མིག་རྩ་གམ་རྩ་དང་།།
རྩེ་ཚུང་རྩེ་ཆེན་ཐོང་རྩ་དང་།།
སྣྲོ་རྩ་མཆིན་རྩ་ཟུ་ཐུང་དང་།།
ལག་ལེན་གཟེ་གསང་འཁྲམ་རྩ་དང་།།
ལོང་རྩ་ཚུ་གསང་ར་རྫོང་སྟེང་།།
བབ་རྩ་ཟུར་རྩ་ཨོག་རྩ་དང་།།
ཕོ་མཚན་ཟུར་རྩ་དེ་གོང་དུ།།
སོར་ལྔའི་རྩ་ཕྲན་བཅས་པ་རྣམས།།
གཡས་གཡོན་ཉི་ཤུ་བརྒྱད་རེ་གནས།།
ཏན་རྩ་གསུམ་དང་པོར་གསང་གཅིག།
ཕོ་མོའི་མཚན་མར་རྩ་རེ་རེ།།

སུག་བཞི་གདོང་རྩ་སྤུན་གསུམ་རེ། །
ཇ་རྩ་གོང་འོག་གསུམ་གཅིག་བཅས། །
བསྒྲིལ་བས་དོན་བདུན་འབྲུལ་མེད་ཡོད། །
ཀན་རྩ་གསུམ་གྱི་དབུ་མ་ལ། །
མདུན་ཚུགས་ཕུག་གམ་འཕྲེད་ཚུགས་གཏར། །
མགོ་བོ་ལྟོ་ཞིང་འཐོམ་པ་དང་། །
འཁྲིད་ཁ་ལྟོ་ཞིང་ཟས་མི་འགྲུས། །
དུག་རིགས་ལ་བ་ཀུན་ལ་ཕན། །
དེ་ཡི་གཡས་གཡོན་རྩ་རེ་ཡོད། །
རྒྱུ་ལོང་ཁ་འཐབ་ནད་ལ་གཏར། །
ཁ་ཡི་འགྲམ་ན་མཐར་རྩ་ཡོད། །
འགྲམ་དང་ཁ་སྐྲངས་ནད་ལ་གཏར། །
ན་རྩ་ན་བའི་རྒྱབ་ནས་གཏར། །
ན་རྩ་དེ་ལ་གཏར་རྩ་གཉིས། །
མཁལ་ནད་ཆུ་ནི་འགག་པ་དང་། །
ཏ་ནི་ཏར་ཆད་ཀུན་ལ་ཕན། །
གཟེ་གསང་གཟེ་ཡི་ཡས་སྨད་མཚམས། །
གཏར་ན་པགས་པའི་ནད་ལ་བསྡུགས། །
གམ་རྩ་སྣ་ནས་གྱེན་སོར་བཞི། །
ཕོ་རོག་ནག་པོའི་གསང་ཞེས་བྱ། །
དེ་ནི་སྤྲོ་བའི་མཐར་རྩ་ཡིན། །

ཅུང་ངུ་བརྒྱབ་པས་སྟོད་ཁྲག་རྒྱུས།།
སྐྱོ་བ་མི་བདེ་མགོ་ལྟོ་ཞིང་།།
གམ་འཁྲུག་དབུགས་སྣ་བྱུང་ལ་ཕན།།
པོར་གསང་ཆུ་ཏོ་དཀྱིལ་དུ་གཏར།།
མགོ་ལྟོ་མཆེར་འཁྲུགས་ནད་ལ་ཕན།།
མིག་རྩ་འཁྲུགས་ངོས་ཚོན་གང་གཏར།།
མིག་ཆུ་འཛག་ཅིང་མིག་ཏུ་ལང་།།
མཆིན་པ་འགྲམས་འཁྲུགས་ནད་ལ་ཕན།།
བྱ་ཏུ་ཏུས་པའི་ཐོད་ན་གཏར།།
མགོ་སྲིན་ཡ་མ་སྲིད་འཐོམ་སོགས།།
སྟོད་ནད་ཕལ་མོ་ཆེ་ལ་ཕན།།
སྣ་རྩ་དབུས་ནས་ཕྲུམ་ཕྲུམ་མཚམས།།
གཙགས་བུ་སོར་བཞི་གདབ་པར་བྱ།།
ཁྲག་མ་ཆད་ན་ཆུས་བཅད་དོ།།
སྣ་ཏུ་མིག་ཏུ་རྩ་མདུད་མཚམས།།
སྣ་ཏུས་སྐབས་སུ་ཡས་རྩ་ནས།།
སྐལ་སྙིང་གཡས་ལ་བབས་སུ་འཇུག།
མིག་ཏུས་སྐབས་སུ་མས་རྩ་ནས།།
སྐལ་སྙིང་ཡས་ལ་བབས་སུ་འཇུག།
འགྲམ་རྩ་ཤ་ཀྲོད་བར་དུ་གཏོང་།།
སྐྱོ་བ་འཁྲུགས་པའི་ནད་ལ་ཕན།།

སྲི་ཡོང་ནང་གི་མཁྲིད་གང་སར།།
གཏར་བས་སྙོ་ནད་དག་ལ་ཕན།།
སྙོ་རྩ་གྲུ་མོའི་ཚོན་གང་སར།།
རྩིབ་སྙིང་གཏར་བས་སྙོ་ལ་ཕན།།
མཆིན་པ་དེ་ནས་མཐོ་གང་སར།།
རྩ་གཉིས་བྲིས་པའི་འོག་མ་དེ།།
གཏར་ན་མཆིན་ནད་འཕྱུན་པོ་དང་།།
མཆིན་འགྲམས་མིག་དམར་སོགས་ལ་ཕན།།
མཆེར་རྩ་ཡོང་མོའི་འཁྲིས་སུ་ཡོད།།
མཆེར་པ་མཆེར་འགྲམས་ནད་ལ་ཕན།།
དེ་ནས་སེར་ར་ཊུས་པ་ཡི།།
འཁྲིས་ཀྱི་རྩ་ནི་སྦོམ་པ་ཡོད།།
དེ་ཡང་མཆེར་པའི་རྩ་ཡིན་པས།།
མཆེར་ནད་མཆེར་འགྲམས་ནད་ལ་ཕན།།
མཁལ་རྩ་སྲི་ཡོང་གྲེན་སོར་བཞི།།
གཏར་བས་རྐང་པ་ཞ་རེངས་འཐེང་།།
ལག་རྗེས་རྐང་པས་མ་ནོན་དང་།།
མཁལ་རྩ་འགྲམས་འབྲུགས་ནད་ལ་ཕན།།
ལག་ལེབ་བོན་པོའི་གོང་དུ་གཏར།།
དཕྱང་སོགས་སྟོད་ནད་ཀུན་ལ་ཕན།།
ཁྲིད་པར་སྙོ་སྙིང་མཆིན་མཁྲིས་འབྲུགས།།

ཤ་ལྷགས་རྟ་རུས་གམ་འཁྲུགས་སེལ།།
རུ་ཐུང་བོན་པོའི་སྐབ་ན་གཏར།།
མཆིན་པའི་ནད་ལ་ཕན་པ་ཡིན།།
ལག་པའི་ཆུ་གསང་རྐང་དང་འདྲ།།
མཐོང་ན་དཔུང་པའི་འཁྲུགས་ནད་གཏར།།
སྙིང་འཁྲུགས་སྙིང་ཚད་རྒྱས་ལ་ཕན།།
ཐོང་རྟའི་གོང་ནས་མར་གྱེས་པའི།།
རྟ་གཅིག་རུ་ཐུང་ཞེས་བྱ་བ།།
དེ་ལས་གྱེས་པའི་རྟ་གཅིག་ནི།།
ལག་པའི་ཕྱི་ཡི་ཟུར་ན་ཡོད།།
ཤ་རུ་མོན་རུ་ཞེས་བྱ་བ།།
གཏར་བས་མཆིན་པའི་ནད་ལ་ཕན།།
རྟ་ཆེན་འགྲམ་པའི་མས་སོར་བཞི།།
རྟེ་ཆུང་འགྲམ་པའི་མན་ཕྱུག་གང་།།
གཏར་བས་སྟོད་ནད་ཀུན་ལ་ཕན།།
ཡོང་རྟ་ཕྲ་སྦྲོམ་མཚམས་སུ་གཏར།།
རྒྱུ་ཡོང་སྨད་ནད་ཀུན་ལ་ཕན།།
ཆུ་གསང་སྲི་ཡོང་ནང་ཁྲུག་ལ།།
གཏར་བས་རྐང་བ་སྐྲངས་དང་འཐེང་།།
ཆུ་བབས་སོགས་ལ་ཤིན་ཏུ་ཕན།།
ཇ་རྟ་རྐུབ་ནས་སོར་བཞི་ན།།

རྟ་གསུམ་རྒྱུ་བའི་གཏར་རྟ་ཡིན།།
དབུས་མ་གཏར་ན་སྙིང་ནད་སེལ།།
དེ་ནས་མཐོ་གང་སྨུ་མཚམས་རྟ།།
མཁལ་རྟ་ཡིན་པས་མཁལ་ནད་སེལ།།
གཉིས་ཀས་སྨད་ནད་ཆུ་འགགས་སེལ།།
ཕོ་མཚན་ཟུར་རྟ་རྣ་ཁའི་ཡོག།
རྟ་ནི་ཆུ་སེར་ཡོད་པ་དེ།།
ཤ་དང་ཆུ་བར་མ་སོང་བར།།
གཙགས་ཐོག་བླངས་ལ་གཏར་བར་བྱ།།
ཆུ་འགགས་སྐྲངས་བའི་ནད་ལ་ཕན།།
རྐོད་མའི་མཁལ་རྟ་ཞེས་བྱ་བ།།
བྱ་རྫེའི་སྟེ་མར་སོར་བཞི་ནས།།
ཕྱུར་ལ་གཞལ་བའི་ས་རྟ་ཡོད།།
མཁལ་མར་ཚ་བ་ཞུགས་པ་དང་།།
རྟེའུ་མི་འབྱུང་བ་ལ་གཏར།།
རྐང་པ་ལག་པ་ཁྲིད་མེད་པར།།
རྣ་མཚམས་ནས་ནི་གྲེན་སོར་བཞི།།
གདོང་རྟ་སྨུན་གསུམ་རྒྱབ་མདུན་དང་།།
ཟུར་རྟ་བབས་རྟ་ཡོག་རྟ་དྲུག།
རྣ་སྔོངས་སྙིང་གི་བུ་རྟ་རྣམས།།
ཆུ་རྒྱུས་གནད་ལ་མ་ཞོར་བར།།

གཏར་བས་འཕྲེང་རིགས་ཀུན་ལ་ཕན།།
མཆོན་པའི་སྟོད་སྨད་གཡས་གཡོན་རྩ།།
གང་གཏར་གང་ནའི་ནད་ལ་ཕན།།

ཞེས་རྟ་དཔྱད་མཐོང་བ་ཀུན་གསལ་མེ་ལོང་ལས། གཏར་བའི་དཔྱད་བཅོས་བསྟན་པའི་ལེའུ་སྟེ་ཉེར་བརྒྱད་པའོ། །

༢༢ མེ་དཔྱད་བསྟན་པ།

དེ་ནས་མེ་བཙའ་ཕལ་མོ་ཆེ།།
དབང་པོའི་སྒོ་རུ་མེས་ཡིས་བསྲེག །
ཆུ་རྒྱུས་གནས་ལ་མེ་ཡིས་བསྲེག །
ཕོ་མོའི་མཚན་མར་མེས་མི་བསྲེག །
བསྲེག་འོས་སྤྱི་བོའི་ཙོག་ཙོག་ནས།།
སོར་བཞི་ལྟག་སྐོར་གཡས་གཡོན་དང་།།
མདུན་དུ་ཐིག་སྨད་ལྟེབས་པའི་གསང་།།
གསུམ་འཛོམས་ཟླ་གམ་རྒྱ་གྲམ་བསྲེག །
གང་འོས་ནད་ཀྱི་བབ་དང་བསྟུན།།
མགོ་བོ་སྐྲངས་ཤིང་གཅིན་མ་ཐོན།།
འཁྲིད་ཁ་ལྕི་ཞིང་སྲད་མ་ལོང་།།
ཆུ་སེར་རླུང་ཞུགས་རྣམས་ལ་ཕན།།
སྐེ་གསང་གཡས་གཡོན་བདུན་བདུན་རེ།།
སྐེ་སྐྱུར་མི་ཤེས་སྐྲངས་པ་དང་།།
གམ་འབྲུགས་མཇིང་པ་རེངས་བར་ཕན།།

སོག་པའི་ཟེལ་དང་ཕྱོགས་བཞི་བཅས།།
བསྐོགས་ན་སོག་འཛམ་སྣད་དང་འགྲམས།།
དཕྱུང་པ་གོར་བ་རྣམས་ལ་ཕན།།
སྙིང་གསང་གུ་མོའི་ཁུང་ཁུང་ནང་།།
བསྐོགས་པས་སྙིང་གྲམ་རླུང་ཞུགས་སེལ།།
མཆེར་གསང་རྩུབ་ཐུང་གཉིས་ཀྱི་གོང་།།
སྐྲང་ནས་སོར་བཞི་གཡོན་དུ་འཛལ།།
བསྐོགས་ན་མཆེར་གྲམ་སྦོས་ནད་སེལ།།
ལོང་གསང་ཕུས་མོའི་སེ་རུ་ནས།།
ཕྱག་གང་བཅལ་ལ་གཡས་སུ་བཞག།
དེ་ནས་ཕྱོགས་བཞི་གོང་ཏུས་རིག །
བསྐོགས་པས་རྒྱུ་ལོང་གྲང་སྲིན་དུག།
སྦོས་འཁྲིག་ཡང་ཡང་ལྡང་བར་ཕན།།
ལྟེ་བའི་ཕྱོགས་བཞི་ཕྱག་གང་རེར།།
བསྐོགས་པས་གྲོད་མས་དུག་ཐབས་རིགས།།
སྤྲངས་རྙོན་སྲིན་འབུ་བཅས་ལ་ཕན།།
བྲང་ཏུས་ལྷན་ན་ནས་སོར་བཞི།།
ཁ་གསུམ་བཞི་སྐྲོམ་གང་ཡོད་བསྐོག །
ཟས་སྐྱུམ་འཛུ་བར་མི་ནུས་ན།།
སྦོས་ཁྲིག་ཟ་མི་འགྲུས་ལ་ཕན།།
རྟུག་གསང་དབུས་སུ་སེ་ཐུར་རྫེག །

དེ་ནས་རྣ་བ་ལྟེ་བའི་ཐོག །
སྐམ་པ་ཁ་ཏུ་མེ་བཙའ་བསྲེག །
ཛ་སྒྲོ་ཛ་མ་འགྱུལ་མཚམས་ནས།།
གྲིན་སོར་བཞི་རུ་གཡས་གཡོན་བསྲེག །
དེ་ནས་བརྣ་ཡི་ཕྱི་ཟུར་དུ།།
སོར་བཞིའི་ས་རུ་མེ་རེ་གདབ།།
ཕན་དཀའ་རྨུག་གསང་ཕྲུར་མ་སྨྲུན།།
ཕྲུར་ཤུལ་ཞུན་གར་རླུགས་བྱས་ན།།
རྗེ་རྗེ་དང་ནི་ཀླིག་པ་སྐྲངས།།
སྦྲོས་སྐྲངས་སྦྲོས་འཁྲིག་མོ་ནད་དང་།།
སྨད་ལྷད་རྒྱུ་ལོང་མཁལ་རྩ་བྲིད།།
སྦྲོས་འཁྲིག་ལ་སོགས་སྨད་ནད་སེལ།།
རྨུག་མདོ་གསང་ནས་གོང་སོར་བརྒྱད།།
དེ་ནས་མཁལ་མའི་རང་གསང་སྟེང་།།
མཁལ་འགྲམས་སྐྲིད་པ་ཀྱིག་པ་དང་།།
ཀླིག་པ་འགྲམས་སྐྲངས་ནད་ལ་ཕན།།
གཉན་ལྷོག་སྐྲངས་འབྲས་ཆུ་སེར་ཀུན།།
བསྲེགས་ཤུལ་བཙག་ལ་ཆུ་སེར་འདོན།།
དཔྱི་དཕུང་གྲུ་མོ་སྲི་ཏུས་སོགས།།
ཀོར་མོའི་མེ་མིག་རང་ལོག་གསལ།།
ཁྲག་ནད་རྣམས་ལ་གཏར་བས་བཅོས།།

གྲང་ནད་རྣམས་ལ་བསྲེག་པས་བཅོས། །
ཀླུང་ནད་བསྲེགས་དང་སྨུམ་བཙུད་སྦྱེར། །
བརྡབས་ནད་བྱུགས་དང་དུགས་ཀྱིས་བཅོས། །
དཔྱད་སྙིང་མ་ཆེ་ལག་འབྲས་ཕུང་། །
ཚ་གྲང་ནད་ཀུན་གང་ཡིན་ཡང་། །
ཞིབ་པར་བརྟག་ཅིང་དཔྱད་ནས་ནི། །
གང་བབ་གཉེན་པོས་བཅོས་པར་བྱ། །
དྲིན་ཅན་མ་ལ་དཔེ་ཡོན་ལ། །
གསོ་གཅེས་ཉར་ཚགས་ལེགས་པར་བྱ། །
ཕྱུགས་རྫིས་ལུག་གུ་འཚོ་བ་ལྟར། །
དུས་ཚོད་བཞི་ལ་ཉ་ར་བྱེད། །
དེ་ལྟར་བྱས་པའི་རྟ་མཆོག་དེ། །
མགྱོགས་བང་བྱ་ཡི་བང་དང་མཉམ། །

ཞེས་རྟ་དཔྱད་མཐོང་བ་ཀུན་གསལ་ལ་མེ་ལོང་ལས། མི་བཅའི་དཔྱད་བཅོས་བསྟན་པའི་ལེའུ་སྟེ་ཉེར་དགུ་པའོ། །

༢༣ གསོ་སྲུང་བཅུད་ལེན་བསྟན་པ།

དེ་ནས་ཟས་བཅོས་སྨན་བཅས་ཀྱི། །
བསྲུང་བ་བཅུད་ལེན་བསྟན་པ་ནི། །
སྲིབ་མ་ཕུད་པར་ཆུ་མ་ཕྲུད། །
ལྟོ་བ་བྱང་བར་བང་མི་རྒྱུག །
རྟུལ་མ་སྐམ་པར་སྒ་མི་ལེན། །

དཔྱིད་དུས་ཚ་ཙམ་སྐམ་རྩིས་བཅོས།།
དབྱར་དུས་གདར་ག་ཆུ་ཡིས་བཅོས།།
སྟོན་དུས་མེ་བཙའ་སྨན་གྱིས་བཅོས།།
དགུན་དུས་གསོ་སྨན་ཆས་ཀྱིས་བཅོས།།
རྟ་ཁེབས་མི་འབྲལ་དྲོད་ཀྱིས་བཅོས།།
ནམ་ཟླ་ཚང་ཞིང་འཕེལ་པ་ན།།
རྒྱང་ཞིག་བསིལ་ལ་བསྟེན་ནས་བཅོས།།
ནམ་ཟླ་གྲང་ཞིང་བསིལ་བ་ལ།།
རྒྱང་ཞིག་དྲོད་ལ་བརྟེན་ནས་བཅོས།།
ནམ་ཟླ་བསིལ་དྲོད་སྙོམས་པ་ལ།།
རང་བཞིན་དབང་གིས་རྒྱུན་དུ་བཅོས།།
སྤྱིར་ན་གམ་འཁྲུགས་རྒྱུ་ཆུ་དང་།།
ཡོག་རྨན་ལ་སོགས་ནད་ལངས་ན།།
ངེས་པར་བུ་བཞིན་སྐྱོང་བར་བྱ།།
གྱེན་ཐུར་འཕྱང་དང་གཡང་རོང་རྩ།།
ལ་ཆུ་ལོ་ཏུ་གཞག་གྱུར་ནས།།
ངལ་དུབ་སྨུ་གྲ་ལོག་པ་སོགས།།
བྱུང་ན་སྨན་པ་ཅི་ཞིག་བྱ།།
འདི་དོན་སྨན་པས་ཉམས་སུ་ལེན།།
ར་མཉེ་ཉེ་ཤིང་ལྟ་བ་དང་།།
བ་སྤུ་གཟེ་མ་ཐུག་འབྲས་དང་།།
ད་ཁྱེད་ལྟ་སྣ་ཡི་ཡི་ལིང་།།

སློ་རིས་རྒྱམ་རྩྭ་དབང་པོ་ལག །
སུག་སློལ་བྲེ་ག་འབྲས་བུ་གསུམ། །
གུར་གུམ་རྟོར་ལེན་ཙན་དན་གཉིས། །
སེ་འབྲུ་ཏུ་རུ་དོམ་མཁྲིས་དང་། །
ཚུ་སེར་སྨན་གསུམ་ཏུ་རུ་མཚལ། །
སྦྲུལ་ཤ་སྡིག་སྲིན་རྩངས་པ་དང་། །
ཕོ་ཕོ་ཏེ་ལོའི་ཤ་སྣ་རྣམས། །
ཏུལ་སུངས་དྲི་མེད་ཚང་སོགས་བཏགས། །
བུ་རམ་འབྲི་མར་ཞུན་མར་སྦྱར། །
འོ་མ་བསྐོལ་ནས་ཕུལ་བྱེད་བཟང་། །
འདི་འདྲའི་སྨན་ཐུན་གསུམ་བཞི་ཙམ། །
བཏང་བས་མངོན་གསལ་འཕྲུལ་དུ་ཐོན། །
གྲི་ཤིང་སྟོབས་དང་ཡང་རྩལ་ལྡན། །
ཤ་རྗོག་སྣང་ཆེན་མ་དེ་མཚུངས། །
ཁ་དོག་མདངས་ལྡ་དག་དང་མཉམ། །
ལུས་རྩལ་སྒྱུལ་ལྟར་འཁྲུག་བ་དང་། །
ནད་འབྲུགས་སྟེང་དུ་ཐོག་ལྟར་འབེབས། །
རྩྭ་ཕྲུག་ཚུ་སོགས་ཅི་ཞིག་བྱ། །
འདི་འདྲ་རིན་ཆེན་གསེར་ལས་དཀོན། །
བདེན་རྫུན་ལག་ཏུ་ཕྲུག་ལས་མཛོད། །

ཅེས་རྟ་དཔྱད་མཐོང་བ་ཀུན་གསལ་མེ་ལོང་ལས། གསོ་སྦྱོང་བཅུད་ལེན་བསྟན་པའི་ལེའུ་སྟེ་སུམ་ཅུ་པའོ། །

མཇུག་བསྡུའི་སྨོན་ཚིག

དེ་ལྟར་བསྟན་འཛིན་སྐྱེས་བུ་དམ་པའི་ཚིབས། །
ཡ་རབས་སྐྱེ་བོའི་སྙིང་ནོར་རྐང་བཞི་མཆོག །
རྒྱལ་སྲིད་བདུན་གྱི་ཡ་རྒྱལ་ཆེན་པོའི་ནོར། །
མཆོག་དམན་རྟ་ཡི་དཔྱད་དང་བཅོས་ཐབས་ནི། །
ཁོ་བོའི་ཤེས་བཙོན་སྦྱང་སྟོབས་ཆེས་ཆེར་དམན། །
དེ་ཕྱིར་སྡེབ་སྦྱོར་ཚིག་དོན་ཉམས་མྱོང་དམན། །
དཔྱོད་ལྡན་ཐུགས་ཁྲེལ་གནས་སུ་གྱུར་ན་ཡང་། །
སེར་གར་ཕན་ན་ཁྲི་ཆོལ་དཔེ་ལྟར་བྱས། །
དེ་དོན་རྟ་མཁན་སྔོན་གྲགས་རབ་འབར་ཡང་། །
བརྟག་ཚེ་སྨྲ་བརྗོད་བྲལ་བ་དུད་འགྲོའི་ཁམས། །
སྨྲ་བསམ་ཤེས་པས་རྫུན་ཚིག་རྗེ་བཅག་བསྒྲིགས། །
གྲུ་གུའི་རྟ་དཔྱད་རྩིག་གསེབ་རྩལ་བ་མཐོང་། །
ཀྱེ་མ་རྐྱེན་དེས་སྐྱོ་བ་དབང་མེད་སྐྱེས། །
ཡུལ་དུས་འདི་ཡི་རྟ་དཔྱད་མང་མང་བསྡུས། །
གཞུར་གནས་བློ་ཡིས་ལེགས་པར་ཡང་ཡང་བརྟག །
ཀུན་གྱི་སྙིང་པོ་ལེའུ་སོ་སོར་བཀོད། །
འདི་ཡང་ལྟས་རིགས་བརྟག་བཅོས་ཉམས་མྱོང་བཅས། །
བློ་ཁ་ཁེངས་པའི་མ་ཕྱི་མ་རྙེད་ཀྱང་། །

འདི་ལས་ལྷག་པའི་ཧ་བཅོས་ཟབ་གནད་ཅན། །
ལྷད་ནད་མཁྱེན་ལྡན་འཛིན་པས་རྗེས་འཛིན་འཚོས། །
དགེ་བ་འདིས་མཚོན་ལྷག་བསམ་པད་རྩ་ལྟར། །
དཀར་བའི་འབྲས་བུས་བསྟན་སྲིད་འགྲོ་བ་ཀུན། །
བདེ་སྐྱིད་ཚེ་རིང་ཆོས་འབྱོར་དབང་ཐོབ་ནས། །
རྣམ་པ་ཀུན་མཁྱེན་ཡེ་ཤེས་རྒྱུ་རུ་བསྔོ། །
དེ་སྐད་སྨྲ་བ་ལྟར་སྣང་སྨན་པའི་གཟུགས། །
བླ་མའི་དྲིན་ལས་ཕན་གནོད་ཤེས་ཙམ་མགོ། །
རང་གཞན་དོན་གཉིས་ལྷུན་གྱིས་འགྲུབ་གྱུར་ནས། །
མི་བསྐྱོད་རྒྱལ་པོའི་ཞབས་དྲུང་འཕོད་པར་ཤོག །

ཅེས་པ་འདི་ཡང་ཡུལ་དུས་འདིར་ཧ་མཁན་ཕལ་ཆེར་བྱ་གཙོད་རྗེ་བཅོས་ཤེས་ནས་ཀ་ཁ་མ་ཤེས་ཀྱང་། སློབ་དཔོན་ཆེན་པོའི་འདུན་པ་སྙན་གྲགས་སྒྲོགས་པ་མཐོང་བ་དེ་ནས་སྔོན་བྱོན་ཆོས་རྒྱལ་མེ་དབོན་གྱི་སྐུ་དུས་སུ་བླ་སྨན་མཁས་པ་མི་དགུ། དེ་དུས་སུ་ཕྱོགས་བསྡུས་ཀྱི་མཁས་པ་མི་དགུ། སྐྱེས་བུ་མེ་ལྷའི་སློབ་བུ་མཁས་པ་མི་དགུ་སོགས་ཀྱིས་མཛད་པ་དང་། ཁྱད་པར་ཕྱོགས་རིགས་མི་དགུའི་ཡ་གྱལ་གྱུ་གུའི་སེང་མདོ་ཆེན་པོས་མཛད་ཅིང་བསྒྱུར་བའི་ཧ་དཔྱད་ཁ་ཐོར་སྣ་ཚོགས་གང་ཉིད་བསྡུས་པའོ། །ཀློ་ཚུང་འདི་ཡི་གཉིས་པ་ཧེ་སྨན་བླ་དོན་འགྲུབ་ཏུ་འབོད་པས་བྱང་གོང་སྟོད་ཀྱི་བྲོ་ནག་དབུས་སུ་སྐྱེས་པའི་མི་ནག་གི་རབ་ཉིའི་སྣ་ཚོགས་དཔྱིག་གིས་ཟླ་བ་༢པའི་ཚེས་༥ཆའི་འགྲུབ་སྦྱོར་ལ། རང་གནས་སུ་འགོ་བཙུགས་ཀྱང་ནད་པའི་དོན་དམ་སོགས་ལ་གཡེང་ནས་སྣ་ཚོགས་ཀྱི་ཕྱོགས་

འཁྲུམས་པ་ལེ་ཤོར་གྱིས་ལུས་པ་མེ་ལུག་ཟླ་བ་༧པའི་ཚེས་༥དྲུང་སྐྱོང་ལྷའི་བླ་མ་
མི་བཞི་དགའ་དགའ་དང་རྩེ་བའི་ཉིན་ཁམས་ཤོ་མདོ་ཆོས་གྲྭ་ཆེན་པོར་ཚར་བ་
མནྡལཾ། །ཞེས་པ་འདི་ནི་གོང་ས་འཕགས་ཆེན་རིན་པོ་ཆེའི་ཆིབས་པ་རྣམས་བཅོས་
དགོས་མང་བར་བརྟེན་ཕལ་ཆེར་ནི་འོལ་ཚོད་ལྟ་བུ་ལས་ཁུངས་ཐུབ་ཅིག་མ་བྱུང་
སྐབས་རང་གཞན་ཀུན་ལ་ཕན་ཆེད་རྟ་བཅོས་ཁ་གསལ་ཞིག་བགྱིས་ཞེས་ཕེབས་
པར་མཛད། བྱང་ཡན་གོང་དུ་གསལ་བའི་རྟ་དཔྱད་ཀྱི་དཔེ་ཆ་གཞིར་བཞག་ཐོག་
གནམ་ས་བར་གསུམ་གྱི་དཔྱད་ཐབས་སོགས་དགོས་གནད་མ་ཆེ་བའི་རིགས་ཕྱིར་
དོར་ནས། གཞན་ཡང་དིལ་དམར་དགེ་བཤེས་བསྟན་འཛིན་ཕུན་ཚོགས་ཀྱིས་
མཛད་པའི་རྟ་དཔྱད་དང་། སྡེ་དགེ། གོ་འཇོ་སོགས་ཀྱི་རྟ་མཁན་མང་པོ་ནས་
ལག་ལེན་ཞལ་འཕྲིན་གཅིག་ཏུ་བསྡུས་པ་མཁས་པ་ཀ་ཉན་རྟ་མཁན་བཀྲ་ཤིས་
སོགས་ཞལ་འཕྲིན་ལ་ཁ་བཀང་སྟེ་ཞི་སྦྱུལ་བསྟན་འཛིན་འཕྲིན་ལས་ནས་རབ་
ཚེས་ཆུ་འབྲུག་ཟླ་བའི་ཚེས་བཟང་པོར་ཐང་དཀར་ཟླུ་ཕྱིང་ཕོ་བྲང་རང་ཉིད་ཀྱི་
བསྟི་གནས་སུ་བྲིས་པ་དགེའོ།།།

图书在版编目（CIP）数据

相马术明镜 ： 藏文 / 色尼区政协办编著 .
-- 拉萨 ： 西藏藏文古籍出版社， 2018.10
ISBN 978-7-5700-0193-4

Ⅰ . ①相… Ⅱ . ①色… Ⅲ . ①马－驯养－藏语
Ⅳ . ① S821.9

中国版本图书馆 CIP 数据核字 (2018) 第 211981 号

相马术明镜

编　　著	色尼区政协办（色尼区康桑文史丛书编委会）
责任编辑	乌金群培
装帧设计	贡觉拉宗
校　　对	格桑曲珍
策　　划	天利文化
出　　版	西藏藏文古籍出版社（拉萨市色拉路 22 号）邮政编码：850000 西藏藏文古籍出版社第二编辑部（拉萨市林廓北路 20 号） 打击盗版：0891-6930339
印　　刷	西藏福利印刷厂
经　　销	全国新华书店
开　　本	16 开（710×1 000）
印　　张	11
印　　数	3,001-5,300 册
版　　次	2018 年 12 月第 1 版
印　　次	2021 年 2 月第 2 次印刷
标准书号	ISBN 978-7-5700-0193-4
定　　价	44.00 元
